지략 智略

KODEF
안보총서
77

全勝을 꿈꾸다

# 지략 智略

하성우 지음

플래닛미디어
Planet Media

한 사람의 상상력만으로 위대한 전쟁연구서를 만들기는 어렵다. 나폴레옹전쟁에 대한 경험과 지식이 쌓여 『전쟁론』이 되고, 춘추시대의 각축전에 대한 병법 연구가 활발히 이루어지는 가운데 『손자병법』이 나온 것이다.

한반도는 적대이념을 포기하지 않은 채 교묘한 협상전략으로 실익만을 챙기는 북한에 의해 군사적 긴장이 늘 존재하고, 역내국가 간 역사적·영토적 분쟁 가능성이 내재한 동북아의 중앙에 위치하고 있다. 한반도의 안보현실에 비추어 우리에게는 생존과 번영을 향한 훌륭한 전쟁연구서가 절실하고, 아울러 이러한 전쟁연구서가 만들어질 여건도 충분하다. 다만 지적 탐구와 열정의 축적이 충분할 때에만 위대한 연구서가 탄생할 수 있다는 면에서, 이 책이 부족하나마 집단지성의 일부로서 기여할 수 있기를 바란다.

이 책은 필자의 다양한 배움과 가르침의 경험에서 나온 산물이다. 가슴을 파고들던 화두들을 놓지 않고 부단한 사유를 해온 긴 시간을 통해 하나둘씩 응결되어 여기에 모였다.

연구의 근간은 손자의 『손자병법』, 클라우제비츠의 『전쟁론』, 조미니의 『전쟁술』을 상호 비교하는 데서 시작했다. 하지만 세 이론서의 주장을 평면적으로 견주는 무료함을 줄이고 주장의 근거를 튼튼히 하기 위해 동서고금의 다양한 사례들을 제시하였다.

제1장에서는 전쟁을 시작하고 지속하는 힘이 되는 '대의명분'에 관해 살펴보았다. 무기살상효과가 증가함에 따른 초전 피해를 줄이면서도 대의명분을 잃지 않는 방법에 대해 고민했다. 제2장에서는 전쟁을 수행함에 있어서 '정치와 군사'의 올바른 역할과 상호관계에 대해 고찰했다. 제3장 '전투와 전쟁'에서는 전쟁의 최종 승리를 달성하기 위한 올바른 전투수행방식에 관하여 살폈다. 제4장에서는 국가 간 갈등의 해결방법을 찾는 과정에서 절차에 따라 프레임워크를 짜는 것보다는 패러다임 결정을 선행해야 함을 살펴보았다.

제5장에서 제7장까지는 전쟁수행과정에서 요구되는 핵심적 요소인 리더십, 의지, 독단에 대해 고찰했다. '리더십'에서는 군사적 천재에 의한 지휘와 노력의 통합을 통한 시스템적 지휘에 대해 고찰하면서, 전략적 사고의 필요성에 대해 돌아보았다. '의지'에서는 절체절명의 위기의식을 통해 최선의 결과를 추구함을, '독단'에서는 찰나와 같은 호기를 포착, 이용하거나 현장의 위험을 최소화하기 위해 독단이 불가피함을 역설했다.

제8장은 '전훈戰訓'이다. 전쟁사로부터 올바른 교훈을 도출하는 일은 미래의 전쟁을 준비하는 소중한 시발점이다. 더불어 타국의 시각을 통해 전쟁사를 바라보고 전쟁이론과 군사교리를 도입하였던 과

정을 반성하였다.

끝으로 제9장은 '우연'이라는 귀착지이다. 전쟁지도로부터 전투 수행에 이르기까지 완벽함을 추구하더라도 그 속에는 피할 수 없는 '우연'의 영역이 존재한다. 우연의 영역을 효과적으로 극복할 수 있을 때 승리를 보장받게 될 것이다.

조선시대 무과 응시생들의 교과서로 통하던 『사마법司馬法』에서는 "천하가 아무리 평안해도 전쟁을 잊으면 필히 위험에 처하고, 나라 가 아무리 커도 전쟁을 좋아하면 반드시 망한다(天下雖安忘戰必危 國雖大好戰必亡)"고 말한다. 다시 말하자면 전쟁에 대한 대비를 항시 우선해야 하며, 일단 전쟁이 발발하면 오래 끌어 좋을 수 없으니 압도적 우위를 통해 조기에 종결해야 한다는 뜻이다. 이런 자명한 이치에도 불구하고 현실은 호락호락하지 않다. 우리는 안보위협 평가와 대비태세 방향이 통치철학에 따라 출렁거리고 국방예산이 군사전략을 좌우하는 안보현실 속에 놓여 있으며, 절대적 우위에 있지 않은 군사력으로 평화를 보장해야 하는 시대를 살아가고 있다.

국가안위를 위한 물리적·정신적 제일선에 서있는 이들의 부단한 자성 노력이 절실하다. 이 책은 그런 자성의 촉매제이고자 한다. 오랜 시간 전쟁에 관한 기록들을 탐독하면서 나의 부족한 머리와 더운 가슴을 지나온 생각들이 응결되어 여기 한 권의 책이 되었다. 안보상황이 급박했던 2010년 이후 배우고 가르치는 현장에서, 그리고 푸른 야전에서 가슴속을 파고들던 화두들을 내치지 못하고 껴안고 지냈다. 전승과 국가생존에 있어서 절박한 9개의 화두를 풀어 여기

오롯이 담았다.

 그럼에도 "나는 자명하거나 수백 번 반복 표현되어 보편적 성격을 띤 평이한 내용들은 수록하지 않았다. 왜냐하면 나는 2~3년이 지나도 잊히지 않는 책, 전쟁연구에 관심을 가진 사람들이라면 최소한 한 번 이상 읽는 책을 만들겠다는 야심을 가지고 있기 때문이다"라고 말한 클라우제비츠의 시각으로 본다면 이 책은 부족하지 않을 수 없다. 국가안보를 위해 헌신하는 분들과 공감하기를 바라는 소망으로, 용기를 내어 부족한 글이나마 세상에 내보낸다.

 이 책이 나오기까지 도움 주신 분들이 많다. 탁월한 군사적 식견과 열정을 통해 '항상 공부하는 군인'이 될 것을 몸소 일깨워주신 주은식 예비역 장군께 감사드린다. 또한 연구를 이어감에 있어 현실에 대한 통찰과 근본적 해법에 대한 접근을 보여주시고 힘을 실어주셨던 김종배 사령관님과 고성균 교훈부장님, 홍병기 · 변재선 · 조영진 사단장님께 깊이 감사드린다. 또한 이 책의 주제에 관하여 귀한 의견을 주고받은 선후배와 동료들께도 더할 나위 없이 감사를 드린다. 늘 응원을 아끼지 않았던 아내 혜영과 두 아들 정욱, 재욱에게 고마움을 전한다. 그리고 양가 부모님들께도 깊이 감사드린다. 끝으로 내 생명의 돛, 하나님께 감사드린다.

2015년 2월 자운대에서

하성우

차례

# 01
## 대의명분
### 지지와 지원의 원천이다

. . .

전쟁에서 대의명분이란 전쟁을 시작하고 지속하는 힘이다. 동조할 수 있는 명분을 제시할 때 내적으로는 지지와 결속을 이끌고, 외적으로는 지원국을 확대하여 전쟁지속능력을 향상할 수 있다. 더불어 적대국을 외교적으로 고립 후 고사시키거나 전쟁수행의지를 파괴할 수 있다.

# 전쟁 수행의 기반

● 　　　2012년 5월 10일 실시한 '6·25전쟁지원국 현황연구' 포럼에서 6·25전쟁 당시 한국을 도운 국가 수를 63개국으로 최종 파악했다고 국방부가 발표했다. 기존 41개국에서 그 수가 늘어난 것은, 전후복구지원국과 지원의사 표명국을 포함한데서 기인했다. 병력 및 의료지원국은 21개국으로 동일하고, 물자지원국이 기존 20개국에서 19개국 늘어난 39개국이며, 지원의사 표명국이 3개국이다. 당시 93개 독립국 중 65% 이상 국가가 아시아의 신생 독립국가인 대한민국을 지원한 것이다. 제2차 세계대전 후 공산세력의 남하에 맞서 자유민주주의를 수호하고자 하는 국제사회의 염원이 만든 경의적인 결과다. 6·25전쟁은 어느 일국의 편중된 이익을 위한 전쟁이 아니었기에 이처럼 국제사회의 지지와 후원을 얻을 수 있었던 것이다.

　미국이 1960년대에 공산세력의 남하에 맞서 벌였던 또 하나의 전쟁인 베트남 전쟁의 명분으로 삼은 것은 소위 '통킹 만Gulf of Tonkin

사건'이었다. 1964년 북베트남의 어뢰정이 통킹 만에서 미국의 구축함을 공격했다는 이유로 미국이 참전함으로써 내전이 국제전으로 비화되었다. 하지만 참전을 위한 명분으로 내세웠던 통킹 만 사건이 미국의 조작극으로 드러남에 따라, 미국은 국제사회로부터 내전에 불필요하게 개입한다는 비난을 받게 되었다.

미국이 직면했던 또 하나의 어려움은 국민의 지지를 얻지 못한 것이다. 공산주의 팽창을 저지하기 위한 국가전략을 지원하는 군사력의 운용에 치명적 과오가 있었다. 즉 존슨 대통령이 의회로부터 전권을 위임받아 정치적인 제한전쟁을 위해 지상군을 투입했으나, 전쟁이 장기지구전으로 변해버리자 국민의 지지를 얻지 못했다. 무엇보다 남베트남은 공산주의 북베트남에 대해 이념전쟁을 수행할 의지가 없었으며, 국민대중은 북베트남의 민족중심 접근을 지지하고 있었다.

베트남 전쟁 당시 국무장관이었던 딘 러스크Dean Rusk는 국민들의 의지를 결집하기 위한 미국 행정부의 노력이 부족했음을 인정하며 다음과 같이 말했다. "제한전을 원했기 때문에 미국 내에서 전쟁분위기 조성을 신중하게 삼갔으며, 베트남에 대한 미국인의 분노를 조장하지도 않았다. 또한 군대의 시가행진도 하지 않았고, 대대적인 전쟁채권 발행도 억제했다."

1968년 북베트남군의 구정 공세Tet Offensive는 베트남 전쟁에 일대 전기를 가져왔다. 구정舊正을 맞아 일시 휴전을 제의했던 북베트남군과 베트콩Vietcong은 미국이 방심한 사이 총공세를 취했다. 북베트

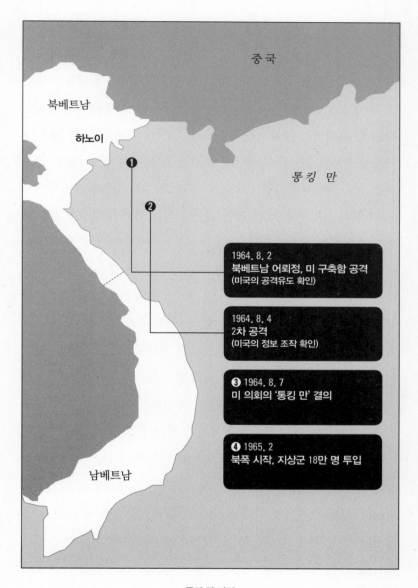

**통킹 만 사건**

남군과 베트콩 병력 약 4만 명으로 케산<sup>Khe sanh</sup> 지역의 미 해병기지를 포위하는 동시에 1968년 1월 30일을 기해 남베트남의 14개 성(군) 주요 도시에 대해 3~6만 명의 병력이 대대적인 공세를 가해왔다. 남베트남의 수도 사이공<sup>Saigon</sup>을 침공하여 한때 미 대사관을 점령하는 등 초기에는 성공하는 듯했으나, 군사적 피해로 인해 많은 병력을 손실하여 전투력이 바닥을 보이게 되었다. 북베트남군과 베트콩은 1월 29일부터 2월 1일까지 전투에서 약 절반에 가까운 3만 5,000명이 사망하고 5,800명이 포로가 되는 막대한 손실을 입었다. 또한 호찌민<sup>Ho Chi Minh, 胡志明</sup>, 보응우옌잡<sup>Vo Nguyên Giap, 武元甲</sup>이 기대했던 베트남인들의 총봉기는 일어나지 않았다. 베트콩은 4만 명에 달하는 병력을 상실하여 이후로는 북베트남 정규군과 남베트남 정규군 간의 대결로 변모하게 되었다. 북베트남에게 있어 구정 공세는 전술적 패배가 확실했지만 정치적으로나 전략적으로는 승리한 전투였다. 미국 시민들은 TV를 통해 여과 없이 방영된 대규모 시가전과 막대한 규모의 피해를 매우 충격적으로 바라보았다. 이는 미국 내에 반전여론이 확산되는 결정적인 계기가 되었다.

베트남 전쟁은 조작된 대의명분으로 자신의 행위를 정당화하고 상대편의 도덕성을 공격하고자 하는 저의가 드러나면서 국제사회로부터 지원과 지지를 얻지 못했다. 결정적으로 전쟁의 규모와 참혹성이 미국 내에 전해지면서 반전여론은 급격하게 확대되었다. 급기야 린든 존슨<sup>Lyndon Baines Johnson</sup> 대통령은 1968년 3월 31일 북베트남에 대한 폭격 중지를 선언하고, 평화협상에 나섬과 동시에 철군의

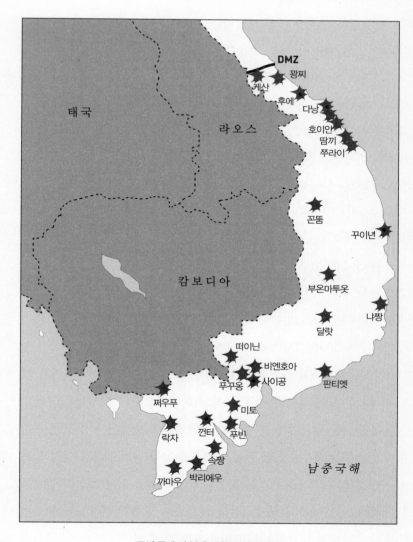

태국

라오스

DMZ

케산
후에
다낭
호이안
땀끼
쭈라이

꼰뚬

꾸이년

캄보디아

부온마투옷

나짱

달랏

떠이닌

비엔호아
푸꾸옹
사이공
판티엣

쩌우푸

미토

락자
껀터
푸빈

속짱
까마우
박리에우

남중국해

**구정 공세 시 북베트남군의 공격지역**

길을 모색하게 되었다.

전쟁에서 동조할 만한 대의명분을 내세울 수 있을 때 국내적으로는 지지와 결속을 이끌 수 있으며, 국외적으로는 동맹국을 늘리고 지원국을 확대하여 전쟁지속능력을 향상할 수 있다. 더불어 적국을 외교적으로 고립시켜서 고사시키거나 적국의 전쟁수행의지를 상실하게 할 수 있다. 따라서 전쟁에서 대의명분을 내세워 자신이 수행하는 전쟁을 정당화하고 상대편의 정당성을 공격하는 전략을 구사하게 된다.

# 정의와 불의

● 　　　고대 중국에서 요순堯舜시대를 지나 하·은·주 3대가 이어질 때의 얘기다. 기원전 1,200년경 주나라 무왕武王이 은나라 주왕紂王을 패배시켜 나라를 세울 때, 일개 제후로서 천자의 자리를 뺏어야 하는 입장에서 무왕은 '주왕의 학정으로부터 백성들을 구하기 위해 군사를 일으켰다'는 뚜렷한 대의명분을 내세웠다. 이후에도 각 제후들이 보낸 무수한 보물과 미녀들을 모두 돌려보내고, 창고에 가득한 보물과 곡식을 백성들에게 나누어주는 등 무왕 개인의 권력욕이 아니라 포악한 주왕으로부터 백성들을 구하기 위해서였다는 명분을 부각하여 주나라의 정통성을 유지할 수 있었다.

반면 대의명분의 실패는 전쟁의 패배로 직결된다. 걸프전을 초래한 이라크의 쿠웨이트 침공을 예로 들 수 있다. 이라크는 쿠웨이트 왕가王家에 대해 모함책을 씀과 동시에 쿠웨이트 장교들이 쿠데타를 일으켰다고 조작하여 유포했다. 그리고 이라크가 쿠웨이트에 진입한 이유는 쿠데타세력의 요청에 의해 이를 지원하기 위해서이며, 사태가 진정되면 곧 철수할 것이라고 선전했다. 이를 입증하려는 듯 이라크는 북부쿠웨이트 국경지방에 있는 일부 병력과 전차, 수송행렬의 철수 모습을 TV를 통해 내보내기도 했다.

　하지만 쿠웨이트에 진입한 이라크 민병대는 쿠웨이트 국민들을 잔인하게 통제하고 저항세력을 색출하여 처형했다. 또한 쿠웨이트 내부에 영향력 있는 인사들을 체포, 수용하고 고문과 형식적 재판을 거쳐 처형하기도 했다. 무려 1,000명 가까운 시민들이 살해되고 수백 명의 인사들이 행방불명되었으며 수많은 여자들이 강간당했다. 이러한 잔혹행위로 대의명분을 획득하기 위한 계략이 무산되었고, 이라크는 주변국의 지지는커녕 자국민과 장병들의 지지도 받지 못했다. 걸프전 패배로 쿠웨이트에서 철수해야 할 때는 바그다드 시민들이 축포를 쏠 정도였다. 이라크가 대의명분을 정당화하기에는 너무 쉽게 속내를 드러내 보였고, 조작된 전략적 메시지의 얄팍함에 지원과 지지는 금방 돌아서고 말았다. 대의명분은 전쟁의 지속성과 직결되며 전쟁을 승리로 이끄는 견인차 역할을 하기에, 유언비어와 기만을 통해 대외명분을 더욱 정교하게 조작하기도 한다. 하지만 대의명분이 조작되었음이 밝혀지면 전쟁지속능력이 급격하게 사라진다.

임진왜란을 예로 들어보자. 일본은 지난날 원나라가 큐슈九州 지방을 침략한 원한을 갚기 위해 명을 공략하려고 하니 길을 빌려달라는 서신을 보내왔다. 이는 참으로 교묘한 이간책이자, 조선군의 전의를 약화시키고 여론을 분산시키려는 책략이었다. 길을 빌려주자니 명을 구원을 받지 못하게 되고 빌려주지 않으면 조선만 피해를 입는다는 여론이 일게 만들었다.

연구교수이자 문헌학자인 김시덕은 『그들이 본 임진왜란』에서 일본 측 문헌인 『도요토미 히데요시 보豊臣秀吉譜』(1658)의 기록을 들어 임진왜란의 발발 동기에 대해 말하고 있다.

"예부터 중화는 일본을 여러 번 침략했으나 일본이 외국을 정벌한 것은 진구코고(신공왕후神功王后)가 서쪽 삼한을 정벌한 이래 천 년 동안 없었다. 나는 비천한 신분으로 태어났지만 출세하여 높은 관직에 올랐으니 무엇 하나 부족한 것이 없었다. 그러나 바로 지금 손안의 구슬이 깨져 돌이킬 수 없고 구슬이 우물 속에 가라 앉아 보이지 않게 되었으니 그 슬픔이 나의 목숨을 갉아먹은 듯하구나, 대장부가 어찌 백년인생을 이처럼 헛되이 끝낼 수 있으랴! 이에 조카 히데쓰구가 제국의 수도를 지켜 일본국 안의 일을 관장케 하고 나는 명나라로 들어가 황제가 되려 한다. 지난해 조선에 서한을 보내어 이 뜻을 전했으나 조선이 이제껏 답서를 보내지 않으니 벌하지 않을 수 없다. 그러므로 명나라를 치기 전에 우선 조선을 정벌할 것이다. 조선이 나의 명령에 따른다면 일본군의 선봉에 서게 해 명나라로 나아가리라. 만약 나의 명에 따르지 않는다면 조선을 섬멸한 뒤에 명나라로 들어가는 것이 뭐 어렵겠는가?"

이를 통해 개국 후 200년이 지나는 동안 문약에 빠진 조선이 일본의 눈에 어떻게 비쳤는지 그 위상을 엿볼 수 있다. 당시 조선은 싸움에 나설 수밖에 없는 실정이었다. 왜군과 맞서 싸우나 왜군과 손잡고 명과 맞서 싸우나 어느 쪽이든 싸움을 피할 수는 없었다.

『도요토미 히데요시 보』는 임진왜란 종결 후 에도막부시대를 연 초대 쇼군 도쿠가와 이에야스德川家康의 비서이자 어용학자인 하야시 라잔林羅山이 쓴 것으로 라잔은 도요토미 히데요시가 임진왜란을 일으킨 동기를 크게 세 가지로 들고 있다. 첫째는 늘그막에 얻은 아들 쓰루마쓰鶴松의 요절로 인한 슬픔을 잊기 위해서이고, 둘째는 명나라 황제가 되기 위해서이며, 마지막으로 명나라 침략군의 선봉에 서라는 자신의 명령을 조선이 받아들이지 않은 것을 징벌하기 위해서였다. 아들의 죽음이 가져온 슬픔에서 비롯된 정벌계획이 명나라 황제가 되고자 하는 히데요시의 허황된 야욕과 정명가도征明假道의 명분으로 번져나갔다는 것이다. 그런데 이러한 『도요토미 히데요시 보』의 서술은 역사적 사실과는 차이가 있다. 조선을 앞세워 명을 공격하겠다는 당혹스러운 국서를 받고 황윤길, 김성일 일행을 사신으로 보낸 것이 1590년 3월이고, 쓰루마쓰가 사망한 것이 1591년 8월이니 도요토미 히데요시의 동아시아 정복구상이 몽상이나 광기 어린 정치적 판단은 아니었다고 봐야 한다. 아무튼 정명가도를 명분으로 조선을 침략한 것은 참으로 교묘한 전쟁논리이다. 임진왜란 초기 부산포에 상륙한 왜군과 맞서 싸운 동래부사 송상현의 "싸워 죽기는 쉬우나 길을 내주기는 어렵다(戰死易, 假道難)"는 대답은 개인의 위기와 더불어 조선의 입장을 고스란히 대변하고 있다.

전쟁을 위해 조작된 대의명분을 도외시하는 사람이 있는가? 전쟁은 결국 속이는 것이다(兵者 詭道也). 문제는 조작된 대의명분 자체가 아니라, 그 대의명분이 자국민과 동맹국 및 국제사회로부터 공감을 얻지 못하거나 조작으로 드러나는 것이다. 성공적인 커뮤니케이션으로 대의명분이라는 스토리에 대한 공감을 얻는 일이 중요하다. 역사적으로 정당한 전쟁의 허상에 사로잡혀 정작 일반인도 아는 전략의 기본도 모른 채 패배한 예가 없지 않다.

춘추전국시대 송宋나라 군주 양공襄公은 천하의 패자가 되려는 야망을 품었다. 양공은 홍양泓陽 땅에서 초楚나라와 싸움을 벌이게 되었는데, 자신의 수레에다 '인의仁義'라는 큰 깃발을 세우고 출전했다. 날이 밝자 초나라 군사들이 강을 건너오기 시작했다. 부하 장수 공손고公孫固가 양공에게 초나라 군사들이 강을 반쯤 건너왔을 때 공격하자고 하자, 양공은 "그대의 눈에는 '인의'라는 글자가 보이지 않는가? 과인은 정정당당하게 싸울 것이오. 비겁하게 강을 다 건너기도 전에 공격을 하다니 말이 되는 소리요?"라고 호통을 쳤다.

강을 다 건넌 초나라 군사들은 진을 치기 시작했다. 공손고가 양공에게 적이 진을 완성하기 전에 공격하자고 다시 청하자, 양공은 공손고의 얼굴에 침을 뱉으며 "그대는 적을 공격하는 일시적인 이익만 알고 만세의 인의는 모르는가? 진도 치지 않은 적을 공격할 수 있다는 말인가?"라며 여전히 인의를 고집했다.

결국 양공은 싸움에서 패하여 도망치다가, 전사한 송나라 병사들의 부모처자들이 그를 원망하자 이렇게 변명한다.

"과인은 항상 인과 의로 적을 맞아 싸우려 했는데, 적은 수단과 방법을 가리지 않고 공격하다니 있을 수 없는 일이다."

양공은 전쟁에서 얻은 상처로 끝내 숨졌다. 현실전쟁의 참혹성 앞에서 인의만 찾다가 패한 송나라 양공처럼, 하찮고 어리석은 인정을 두고 후세사람들은 송양지인宋襄之仁이라 한다. 호응할 수 있는 대의명분을 찾고 세우고 지키는 것은 전쟁에 이기기 위한 것이며, 전쟁에 지고 난 연후에는 다 소용이 없다.


## 전략적 고찰

● 　　　　교토대학 가토 요코加藤陽子 교수는 19세기 말 청일전쟁 이후 전쟁에서 전쟁으로 이어지는 일본의 근대사에 대해 쓴 책 『근대일본의 전쟁논리』에서 근대일본이 10년에 한 번꼴로 주변국과 전쟁을 시작할 수 있게 한 전쟁논리, 즉 전쟁의 명분에 대해 분석하고 있다. 책을 통해 전쟁과 국민의 마찰계수, 전쟁에 대한 의미 부여의 변화를 추적하면서 일본 위정자와 국민들이 '그러므로 전쟁에 호소하지 않을 수 없었다', '~때문에 전쟁을 해도 좋다'는 정서를 왜 갖게 되었는지 그 역사적 과정과 논리를 되돌아보고, 그러한 변화가 일어난 순간과 변화의 근원이 되는 힘을 분석, 미래전쟁에 대한 시

## 근대 일본의 전쟁 역사

| | |
|---|---|
| 1894 – 1895 | 청일전쟁 |
| 1904 – 1905 | 러일전쟁 |
| 1914 – 1918 | 제1차 세계대전 |
| 1931 | 만주사변 |
| 1937 – 1941 | 중일전쟁 |
| 1941 – 1945 | 태평양전쟁 |

각을 일깨우고자 했다.

청일전쟁(1894~1895) 시 조선의 지배권을 노리던 일본은 청나라 세력을 조선에서 제거하고자 전쟁 빌미를 만들고자 했다. 마침 1894년 동학농민운동이 일어나 동학군이 전주성을 탈취하자 조정에서는 청에 구원군을 요청했다. 이 사실을 알게 된 일본은 조선으로부터 요청이 없었는데도 6,000~8,000명의 원병을 파견했다. 이는 청군 1,500여 명에 비해 월등히 많은 규모였다. 그리고는 동학농민운동 같은 사태의 재발을 방지하기 위해 조선의 내정개혁에 청·일이 참여할 것을 제의했다. 청이 이를 거부하자 단독으로 내정개혁을 강행하면서 반대하는 청과 개전의 불가피성을 주장했다. 청군 철수, 조·청 간 조약 폐기를 주장하며 조선 왕궁을 점령하고 조선 군대의 무장해제를 감행했다. 결국 이런 조치를 지켜볼 수만은 없었던 청은 일본과 일전을 치르게 되었다.

후쿠자와 유키치福澤諭吉는 1882년에 자신이 창간한 『시사신보時事新報』의 1894년 7월 29일 자 논설에서 청일전쟁을 "문명개화와 진실을 꾀하는 세력(일본)과 그 진실을 방해하는 세력(청)의 전쟁"이라고 규정하고 있다. 다음 글로 일본이 내세운 청일전쟁의 의미를 더욱 명확히 이해할 수 있다.

---

조선은 일본 제국이 그 처음에 계몽 유도하여 열국의 반열에 나서게 한 독립의 나라다. 그런데 청국은 매번 스스로 조선을 속방이라고 칭하면서 사실상의 내정간섭을 행하고 조선의 치안을 청국에 의존시키려고 하고 있다.●

---

일본 국민들이 청일전쟁을 조선의 '독립' 확보를 위한 의거義擧로 인식하게 함으로써 일본에서는 전국적으로 의용병 참가 열기가 뜨거워졌다. 일본 정부가 과도한 대외팽창 열기로 이어지지 않도록 제동을 걸어야 할 정도였다. 최종적으로는 '병합'이라고 하는 명칭을 생각해내어 한국을 식민지화했던 일본이 청일강화조약 체결 시에 있어서는 조선을 '완전무결한 독립자주의 나라'라고 정의한 것 등은 교묘한 기만에 지나지 않았다.

---

● 가토 요코, 박영준 역, 『근대일본의 전쟁논리』(파주: 태학사, 2007), p.112.

열강들의 대외시장 개척 열기가 더해지면서 첨예한 대립의 끝은 중국, 구체적으로 만주지역으로 향하고 있었다. 요시노 사쿠조吉野作造는 "일본인들이 러시아의 영토확장 자체에 반대할 이유는 없으나, 다만 그 영토확장정책이 반드시 가장 비문명적인 외국무역의 배척을 수반하기 때문에, 맹연猛然히 자위의 권리를 위해 싸우지 않을 수 없다"라며 무역이 자유롭지 못한 상태를 '비문명'이라고 규정했다. 그는 러일전쟁(1904~1905)을 문명과 비문명의 대립으로 규정하는데, 이 시기 일본경제를 살펴보면 1885년 4.9퍼센트에서 1910년에는 12.8퍼센트로 대외무역에 의존하는 비율이 급격하게 증가하고 있었다. 결국 일본은 자국의 시장 확대를 위한 문호개방을 선과 악, 문명과 비문명의 대립으로 호도하며 러일전쟁을 정당화했던 것이다.

제1차 세계대전(1914~1918) 참전 시에는 영국과 프랑스 측에 가담하여 독일에 보낸 최후통첩 가운데 '영일동맹협약에서 예기되는 전반의 이익을 방호하는 목적'이라는 표현을 삽입하여, 표면적으로 영일동맹을 기초로 한 불가피한 참전이라는 명분을 내보였다.

하지만 가토 요코 교수는 일본의 참전 이유를 사실적으로 밝히고 있다.

"일본은 철두철미하게 중국문제의 해결과 독일이 보유하던 극동 권익의 계승을 노리고 참전하였고, 대전 중에는 빈틈없는 전형적인 제국주의 외교의 축적을 배경으로 강화회의에 임하여, 미국이나 중국의 항의는 있었지만 바라던 바를 획득할 수 있었다."

만주사변(1931)이 일어난 동기는 '소련이 약체일 동안에 만몽滿蒙●
을 취해두고 북만주까지 취해둔다면 소련은 당분간 나올 수 없다'
고 하는 당시 관동군 참모 이시하라 간지石原莞爾의 대단히 낙관적인
전망이었다. 작전행동으로서 만주사변은 주도면밀하게 계획되었다.
사변 반발 시에 화북華北 제13로군을 매수하여 반란을 일으키게 하
고, 만주에 주둔하고 있던 장쉐량張學良의 군대 20만 명 가운데 13만
명을 꾀어내 만주를 무장이완의 상태로 만들려는 공작도 실행되었
다. 그 뒤에 1931년 9월 18일을 기해 중국 동북의 랴오닝遼寧 성에
소재한 펑톈奉天(오늘날 선양瀋陽) 북방의 류타오후柳條湖에서 만철滿鐵
철로를 중국군이 폭발시켰다는 구실로 만주사변을 일으킨 것이다.

중일전쟁(1937~1941)의 발단은 1937년 7월 7일, 베이징(당시는
베이핑北平) 근교의 융딩강永定河에 걸린 루거우차오(노구교蘆溝橋)의 강
둑에서 발생한 일본 지나支那주둔군과 중국 제29군 간의 우발적인
군사 충돌사건에 있었다. 미국은 중국에서 발발한 전쟁에 대해 중립
법의 적용을 선언하여 일본의 전쟁확대를 단념시키고자 했다. 하지
만 이는 전쟁상태임을 선언하는 것으로 중국에게는 적절한 전쟁지
원이 불가능하여 사기를 저하시키게 된다. 또한 일본은 교전국의 권
리를 갖게 되어 미국 선박에 대한 검문을 통해 전시금지품을 압수할
수 있었지만, 대신 미국과의 경제적 연계를 잘라버려 5년간 중화학
공업 발전에 매진하고자 했던 계획에 차질이 발생하게 된다. 중·일

---

● 만주와 몽골을 아울러 이르는 말.

양국과 미국은 자신들의 피해를 줄이고 부전조약不戰條約 위반의 비난을 모면하기 위해 중립선언도, 선전포고도 할 수 없었다. 이리하여 미국·중국·일본의 어떤 나라도 그것을 전쟁이라고 부르지 않음으로써 이익을 얻는 실로 기묘한 전쟁이 태평양전쟁 발발 전까지 4년 이상이나 지속된다. 전쟁이라 칭할 수 없는 가운데, 교전국의 권한도 인정받지 못했고, 군정軍政도 시행할 수 없었다. 따라서 일본은 중국인을 표면에 내세운 괴뢰정권인 '만주국'을 세워 경제적 이득을 취했다. 1940년 초 지나주둔군이 85만 명 규모로 팽창하고 태평양전쟁 발발 전에 이미 20만 명이 전사하고 있었음에도, 일본은 전쟁의 명분과 실리를 찾지 못해 깊은 딜레마에 빠졌다.

중·일 양군의 우발적 충돌에서 비롯된 중일전쟁은 급격하게 국제화되었다. 나치 독일과 파시스트 이탈리아, 일본 제국이 진영을 형성하는 가운데 영국은 방위 범위를 대서양과 지중해에 한정할 수밖에 없었다. 극동과 태평양 일대는 미국에게 남겼다. 미국은 중국을 자기 진영에서 이탈하지 않게 하고 소련이 일본·독일·이탈리아의 진영에 가담하지 않게끔 조치해두고자 했다. 자연스럽게 중국과 소련을 매개로 미·일 대립이 전면에 나오는 구조가 되었다. 일본은 미·일교섭의 파국(헐 노트Hull Note)을 명분삼아 국론일치를 이끌어 1941년 12월 8일 오전 3시 19분(일본시간) 하와이 진주만을 기습했고, 이는 일본의 의도와는 반대로 미국의 국론을 일거에 단합시켰다.

일본의 위정자들은 청일전쟁과 러일전쟁 시에는 청국의 반개혁 및 러시아의 반문명, 제1차 세계대전 참전 시는 영일동맹의 협약을 준수하기 위한 불가피한 선택이라는 논리로 국민들을 전쟁으로 이끌었다. 또한 중일전쟁 시에는 중립법과 부전조약을 위반했다는 비난을 받지 않으려고, 적절한 명분을 찾지 못하고 4년간 20만이나 전사자를 내면서도 이를 '전쟁'이라 부르지 않았다. 중일전쟁이 구체화되는 시기에는 극동과 태평양에서 미국과 이익다툼이 불가피한 가운데 외교교섭 실패를 빌미로 태평양전쟁을 일으켰다. 전쟁 정당화 논리에 선동된 일본 국민들은 전쟁을 순순히 받아들이고 심지어는 지원병이 넘쳐날 정도로 열광적이기까지 했다.

미국의 역사학자 마크 피티Mark Peattie는 『일본 식민제국The Japanese Colonial Empire, 1895-1945』에서 다음과 같이 말했다.

"근대 식민지 제국 가운데 이 정도로 명확한 전략적 사고에 의해 지도되고, 또한 당국자 사이에 이 정도로 신중한 고찰과 광범위한 견해의 일치를 보여준 사례는 없다."•

이러한 근현대 일본의 전쟁논리를 이해하면 미래에 전쟁 발발 움직임을 이해하고 대비할 수 있으리라 생각한다. 일본 위정자들이 조작된 명분을 내세워 전쟁으로 자국민을 몰아가는 간교함을 경계해야 한다.

이처럼 대의명분을 통해 자국민을 융합시키고 전쟁에 보다 더 열정적으로 관여하도록 하기 위해서는 국내외적 전략상황에 대한 명

---

• 『근대일본의 전쟁논리』, p.25에서 재인용.

확한 통찰을 할 수 있어야 한다. 대의명분에 부합한 상황 설정과 유치, 국민에 대한 인내심 있는 소통이 필요하다. 그런 면에서 근·현대에 거의 10년 단위로 전쟁을 치른 일본의 전쟁논리는 대의명분의 중요성을 실감하게 한다. 물론 일본 위정자들이 오도된 명분으로 자신들이 원하는 방향으로 국민을 몰아가는 사악함을 긍정할 마음은 추호도 없다.

## 집단안보의 가교

● 　　　　총력전 사상이 보편화한 오늘날 타국의 동맹이나 지원에 힘입지 않고 자국을 방위하는 나라는 없다. 모두가 집단안보 Collective Security의 틀 속에서 자국의 안전을 보장받는다. 오늘날에 동맹을 파기하고 외교적 고립을 꾀한다면 스스로 무덤을 파는 것과 같다.

『손자병법孫子兵法』 모공편謀攻篇에서는 "가장 좋은 병법은 적의 책모를 분쇄하는 것이고, 그다음은 적의 동맹관계를 차단하는 것이며, 그다음은 적의 병력을 치는 것이며, 가장 하책은 성을 공격하는 것이다(上兵伐謀, 其次伐交, 其次伐兵, 其下攻城)"라고 하여 적의 동맹관계를 치는 것을 높이 쳤다. 적의 동맹관계를 차단하는 것은 적에 대한 국제사회의 지원을 막고 적을 고립시키는 것이다.

중국 춘추전국시대에 적국의 동맹국을 중립화하여 전쟁을 방지한 예가 있다. 초楚나라가 노魯나라와 연합하여 제齊나라를 공격하려 하자, 위기의식을 느낀 제나라는 노나라를 중립화하고자 사신 장갈 을 보내게 된다. 장갈은 노나라 왕을 만나 '노나라가 초나라와 연합 하면 반드시 망하게 된다'고 말한다. 노나라 왕이 이유를 묻자 장갈 은 '초나라가 노나라와 연합하여 제나라를 멸망시키면, 제나라를 장 악한 초나라가 결국 약소국인 노나라를 정복하는 것은 당연한 일일 것'이라고 했다.

노나라 왕이 만약 제나라 편을 들면 노나라의 안전을 보장할 수 있을 것인가를 장갈에게 물었다. 그러자 장갈은 노나라는 제나라 편 을 들어서는 안 된다고 말했다. 그 이유는 노나라가 제나라 편을 들 면 초나라가 노나라를 공격할 것이기 때문이다. 다시 왕이 노나라가 안전을 보장받을 수 있는 방법이 무엇인지를 물었다. 장갈은 노나라 가 중립을 지켜야 한다고 말했다. 노나라가 중립을 지키다가 초나라 와 제나라의 전쟁 결과에 따라 어느 쪽을 편들어 지원할 것인지를 결정하면 될 것이라고 이유를 말했다. 왕은 그런 승전국을 가려 지 원하는 기회주의적인 처신은 어느 쪽이든 반드시 노나라를 응징하 는 화를 초래하지 않겠는가라고 반문했다.

장갈은 다음과 같이 노나라 왕을 안심시켰다. 즉 초나라와 제나라 가 전쟁을 벌일 경우 승리하든 패배하든 간에 양쪽은 큰 손실을 입 을 것이며, 또 다시 전쟁을 수행할 여력이 없을 것이다. 만약 이 전 쟁에서 제나라가 이길 경우 노나라에 대해 고맙게 여길 것이니 노나 라는 안전할 것이다. 초나라가 제나라를 격파하고 승리를 거둘 경우 노나라가 신속하게 제나라 편을 든다면 초나라는 감히 노나라와 제나라, 두 나라를 상대로 전쟁을 벌일 수가 없을 것이다. 그러니 노나라가 이번 전쟁에서 초나라 편을 들지 않고 중립을 지킨다면, 제나라에게 은혜를 베푸는 한편 초나라의 세력을 약화시킬 수 있는 좋은 기회가 될 것이라고 설명했다.

장갈의 설명을 들은 노나라 왕은 타당하다고 여겨 초나라를 도와 제나라를 공격하기 위해 집결한 군대를 즉각 해산했다. 노나라의 지원을 받을 수 없었던 초나라는 제나라 침공을 포기했고, 전쟁의 위기에 처했던 초나라의 동맹국인 노나라를 중립화시켜서 전쟁의 위기에서 벗어날 수 있었다.

외교적 노력을 통한 동맹관계의 중요성은 독일의 예를 통해 알 수 있다. 프로이센 주도의 독일 통일을 달성했던 명재상 비스마르크<sup>Otto von Bismarck</sup>는 독일 제국이 외교적으로 고립되지 않도록, 러시아와 프랑스의 동맹 체결을 막기 위해 늘 고심했다. 독일과 제정러시아, 오스트리아 간에 프랑스 고립을 목적으로 체결한 삼제동맹의 만기가 도래했을 때 발칸 문제를 둘러싸고 오스트리아와 러시아의 관계가 악화되고 러시아가 프랑스에 접근하는 경향이 있어 삼제동맹을 더 이상 유지할 수 없었다. 비스마르크는 러시아가 프랑스와 결부되는 것을 막기 위해 1887년 6월에 러시아와 재보장조약을 체결한다.

하지만 1890년 3월 20일 비스마르크가 수상직에서 물러나면서 복잡하고 위험한 동맹체제는 흔들리기 시작했다. 독일 황제 빌헬름 2세는 동맹체제의 중요성을 미처 깨닫지 못한 채 러시아와 맺은 재보장조약의 갱신을 거부하고, 결국 6월 18일에 조약을 폐기했다. 이에 일변한 러시아는 1894년 프랑스와 비밀군사동맹을 맺었다. 이로써 독일은 양면에서 거대한 육군을 가진 두 나라를 적으로 두 게 되었다.

또한 영국이 '명예로운 고립주의splendid isolation' 정책을 포기하고 유럽 대륙의 문제에 관여하면서 1904년 4월 영국은 프랑스와 동맹을 수립하고, 뒤이어 1907년 8월에는 러시아와 동맹을 수립함으로써 삼국협상三國協商, Triple Entente이 형성되었다. 비스마르크가 실각한 후 독일 제국은 국제적으로 고립상태에 빠져서 25년 동안 헤어나지 못했다.

정치적 리더십의 무능함으로 양면전쟁의 불가피함을 간파한 참모총장 슐리펜Alfred von Schlieffen은 단기 집중을 통해 한쪽을 먼저 격멸하고 신속히 전환한다는 전제하에 프랑스 전역에 우선 집중하는 계획을 수립했다. 하지만 슐리펜에 이어 제1차 세계대전 발발 당시 참모총장이 된 소小 몰트케Helmuth Johann Ludwig von Moltke는 슐리펜의 계획을 이해하지도 못한 가운데, 최초 집중을 달성하고자 했던 서부전역의 우익에서 2개 군단을 빼내어 동부전역으로 전환시켰다. 이로써 독일 제국은 어느 쪽에서도 승리를 거둘 수 없었고, 지루한 교착전을 통해 많은 사상자가 발생했다. 비스마르크가 없는 독일은 동맹을 통한 전쟁 승리의 조건을 사전에 조성하는 것의 중요함을 깨닫지 못하고 스스로 동맹관계를 끊는 우매함으로 군사적 어려움을 자초했다.

오늘날 대량살상무기 제조국으로 국제사회로부터 경제적 제재를 당하고 있는 이란의 예와 같이 인위적인 제재수단으로 고립을 강요하는 수도 있다. 중국을 비롯한 일부국가에서 반대하거나 참여가 제한된다면 제재효과는 줄어들기 마련이다. 하지만 제재수단이 아닌 외교관계 속에서 형성되는 외교적 고립은 상황이 다르다. 주권을 가진 국가에 대해 일방적으로 자신이 적대시하는 국가와 외교관계를 단절하라고 강요할 수는 없는 것이다. 적국에 대한 국제사회의 지지를 누그러트리고 궁극적으로 단절시켜, 적국을 외교적으로 고립시키기 위해서는 바로 대의명분의 싸움에서 승리해야 한다.

## 되새김

● 　　오늘날 각종 무기체계가 발달하여 그 피해효과가 증가하고, 동시 투사능력 확충으로 초전에 당하게 될 예상 피해규모가 훨씬 커졌다. 그러면서 선제전쟁Preemptive War이나 예방전쟁Preventive War의 유혹도 더 커졌다. 하지만 국가이념이 이를 허용하지 않고 국제사회가 이를 용인하지 않는 한 섣부르게 선택할 수는 없다. 전쟁을 먼저 도발하지 않음으로써 자위적인 전쟁, 합법적인 전쟁을 시작할 수 있고, 전쟁 지속을 위한 대의명분을 획득할 수 있다. 문제는 초전 피해를 줄이면서도 대의명분을 잃지 않는 것이다.

김종환은 『책략』에서 "전쟁에서 대의명분이란 전쟁을 수행함에 있어서 국내외의 지지를 획득하는 것"이라고 말하고 있다. "국외의 지지란 다른 나라와의 외교관계를 말하며 국내의 지지란 국민의 지지를 뜻한다. 전쟁에서 장병들의 사기가 전투력의 큰 비중을 차지하는 것과 마찬가지로 국민들의 의지는 평시는 물론 전시에는 더욱 중요하며, 이는 국가가 외교정책을 수행하고 국가전략을 추진하는데 결정적인 역할을 한다."

전쟁을 대비함에 있어서 국내외적 지지를 얻을 수 있는 대의명분을 쌓고 공감대 형성을 위한 외교와 소통 노력을 기울이는 것이 중요하다.

# 02

# 정치와 군사
## 건강한 관계성을 유지하라

. . .

정치가 군을 전쟁의 도구로만 간주하거나 군이 정치목적을 무시하고 전투에서의
승리에만 집중한다면 국가생존을 위협할 비극이 벌어질 것이다. 올바른 자리매김
과 건강한 상호관계만이 지속가능한 안보를 제공할 수 있다.

# 문민통제

● 　　　　2010년 6월, 아프가니스탄 전쟁을 총지휘하던 국제
안보지원군ISAF: International Security Assistance Forces 사령관 스탠리 매크리스
털Stanley A. McChrystal 대장이 경질되었다. 그가 "아프가니스탄 문제에
대해 제대로 준비하지 않은 오바마 대통령에게 실망했다"고 말한
것을 문민통제의 정신을 훼손한 언행이라고 본 오바마 행정부의 결
정이었다.

　군은 군사작전을 수행함에 있어서 정치권을 비롯한 군 외부의 간
섭을 달가워하지 않는 경향이 있다. 또한 가끔은 군사작전목표와 국
가전쟁목적 간의 우선순위를 혼동할 개연성이 있다. 반면에 군을 전
쟁수단으로만 보는 정치지도자들이 독선에 빠져 정치논리로 전쟁
을 이끌 가능성 또한 존재한다. 전쟁을 대비하거나 수행하는 과정에
서 정치와 군사의 역할분담은 어떠해야 하는가?

　천안함 피침, 연평도 포격도발 이후 재평가된 안보위협에 대비하
기 위해 국가안보체계 전반에 대한 개선책을 마련함에 있어서 정치

와 군사의 역할 분담은 주요한 과제이다. 표면적으로 보이는 군사적 충돌 및 조치 이면에 위기억제 및 관리로부터 사후조치에 이르는 과정에서 정치 전반에 걸친 다양한 노력을 동시에 수반해야 한다.

국가안보체계 구축을 위한 정치와 군사의 올바른 역할을 돌아봄에 있어 전쟁의 역사로 점철된 독일의 근현대사는 좋은 사례이다. 그중에서 프로이센의 융성과 독일 통일과정에서 수행한 전쟁들, 제1차 세계대전과 제2차 세계대전으로 이어지는 위기와 전쟁에서 정치와 군사의 역할을 살펴보자.

# 정치적 리더십과 군사의 전문성: 프로이센의 융성과 독일 통일

### ◆ 프로이센의 융성

오토Otto 대제 이후 약 1,000년 동안 국가의 명맥을 유지해 오던 신성로마제국은 1805년 12월 2일 아우스터리츠Austerlitz 전투에서 나폴레옹군에게 패배함으로써 멸망했다. 이후 제국의 영토는 나폴레옹의 보호국이 된 라인 연방Rheinbund, 호엔촐레른Hohenzollern 가의 프로이센, 합스부르크Habsburg 가의 오스트리아로 분열되었다. 1815년 빈 회의의 결정에 의해 독일 연방이 등장했으나 엉성한 정치체제였다. 그보다는 경제적 통일 노력이 주효하여 1844년에 오스트리아를 제외한 전 독일 국가가 참여한 관세동맹이 체결되면서 경제적 통일을 이룰 수 있었다.

비스마르크는 완전한 독일 통일을 위해서는 프로이센이 중심이 되어야 하며, 오스트리아 제국하고의 충돌을 배제할 수 없다고 생각했다. 그는 독일 통일에 대한 자신의 비전을 가지고 에어프르트 연합회의Das Erfurter Union의 일원으로, 또한 프랑크푸르트 연방의회 대사로 활동하다가 빈 정부에 의해 해임되기도 했다. 이후 러시아와 프랑스에서 프로이센 공사로 근무하면서 통일과정에서 러시아의 도움이 중요함을 깨달았고, 외교적 업적으로 국내문제를 해결하려는 프랑스의 보나파르트 정책Bonapartism●을 세밀히 관찰할 수 있었다. 비스마르크는 국왕과 의회가 헌법분쟁으로 날카롭게 대립하는 가운데 1862년 9월 23일 임시수상으로 임명되었으며, 관료와 군대를 장악하고 독일 연방의 개혁을 위한 행보를 보였다.

그에 앞서 1859년 호엔촐레른가의 새로운 지배자로 등극한 빌헬름 1세Wilhelm I는 섭정 지위에 있을 때 론Albrecht von Roon을 전쟁장관, 몰트케Helmuth von Moltke를 참모총장으로 임명하여 프로이센군 증강 방안을 강구하게 했다. 이로써 독일 통일을 향한 프로이센의 노정에서 중요한 역할을 수행한 세 사람, 수상 비스마르크, 전쟁장관 론, 참모총장 몰트케가 등장하게 되었다. 1871년 1월 18일 독일 제국 건국까지 프로이센은 덴마크, 오스트리아, 프랑스와 벌인 전쟁에서 승

---

● 나폴레옹 보나파르트는 정복정책·팽창정책을 통해 얻게 될 민족적 자긍심과 현실적인 이익을 통해 국내문제를 해결하고자 하였는데, 이를 따르는 정책의 흐름을 '보나파르트 정책'이라 일컫는다.

1860년대 프로이센을 이끈 세 지도자. (왼쪽부터) 비스마르크, 론, 몰트케.

리를 거두었다. 프로이센이 수행한 전쟁은 영토 확장, 전쟁배당금 확보와 같은 일반적인 전쟁의 발발 배경과는 다소 거리가 멀었으며, 국가전략의 틀 속에서 불가피하게 선택한 수단의 성격이 강했다. 세 차례의 전쟁에서 비스마르크와 론, 몰트케가 맡은 역할은 정치 및 군사 차원에서 매우 이상적이었다.

### ◆ 프로이센 – 덴마크 전쟁(1864. 2. 16~8. 1)

1863년 11월, 덴마크가 독일 연방에 속하지 않았던 슐레스비히를 아이더Eider 강 유역까지 확대하여 덴마크에 합병하려 하자, 독일은 1864년 오스트리아 제국과 제휴하여 덴마크와 전쟁을 벌여 승리하고, 슐레스비히-홀슈타인 전 지역의 통제권을 확보하게 되었다.

슐레스비히Schleswig 공국은 1864년까지는 덴마크 영토 내 봉건영지였고, 홀슈타인Holstein 지역은 독일 연방 내 주권국가로 유지되어 왔다. 나폴레옹전쟁 이후 민족주의가 대두하면서 독일에서는 남부 슐레스비히와 홀슈타인을 독일에 통합하려는 운동이 거세게 일었고, 덴마크와 북부 슐레스비히에서는 슐레스비히 내 덴마크인 차별 철폐 및 슐레스비히와 덴마크의 재통합을 주장함으로써 대립각이 형성되었다.

1848~1851년 제1차 슐레스비히 전쟁에서는 덴마크가 승리하였고, 런던 의정서에 따라 슐레스비히와 홀슈타인은 덴마크와 군신관계를 유지하되 실질적으로는 독립 상태를 유지했다. 1863년 덴마크 왕 프레데리크 7세Frederik VII가 후세 없이 죽자, 먼 친척인 글뤽스부르크 공작이 크리스티안 9세로 즉위한다. 그리고 1863년 11월, 슐레스비히와 홀슈타인 두 공국을 덴마크 영토로 규정하는 공동헌법을 선포하게 되었다.

하지만 이는 런던 의정서를 위반한 것으로, 비스마르크의 노련한 외교술로 인해 덴마크의 공동헌법은 정당성을 상실하였고, 프로이센은 오스트리아와 동맹을 맺는 등 주변국의 지지를 받아 1864년 제2차 슐레스비히 전쟁, 즉 프로이센-덴마크 전쟁을 벌여 승리했다. 이 전쟁은 비스마르크가 뛰어난 외교적 성과를 거둔 탁월한 정치가로 인정받는 계기가 되었다.

덴마크와 벌인 전쟁에서 단기간에 승리할 수 있었던 것은 비스마르크의 외교적 업적과 더불어 참모총장 몰트케의 작전지도가 있었기 때문이다. 몰트케는 덴마크군을 직접 공격하기보다도 측면으로 우회하여 주력이 섬으로 철수하지 못하도록 차단하는 작전명령을 하달했다. 하지만 당시 사령관 브랑겔Friedrich von Wrangel 원수는 이를 무시했다. 당시에는 참모총장에게 작전지휘권이 부여되지 않았기에 그의 명령은 실현되지 못했다. 1864년 당시 참모총장 몰트케가 이끌던 참모본부는 총인원은 64명, 그중 50명이 참모장교였다. 당시 참모총장은 사단장에 준하는 직위에 불과하여 오늘날 참모총장 같은 권위는 발휘하지 못했다.

예상했던 대로 덴마크군은 섬의 요새로 철수했고 프로이센-오스트리아군은 난관에 봉착했다. 자칫 전쟁이 장기화되면 영국의 간섭이 예상되는 상황에 처했다. 이에 전쟁장관 론은 몰트케의 작전지도가 옳았음을 깨닫고 국왕에게 그의 지혜를 빌리도록 건의했다. 몰트케는 참모총장으로서 현지의 작전을 지도하여 단시일 내에 전쟁을 종결시켜 크게 명성을 얻었다.

덴마크와 벌인 전쟁에서 승리를 통해 몰트케의 정확하고 적절한 작전지도는 국왕을 비롯한 론, 비스마르크에게 인정받았고, 참모총장 자신과 참모본부의 작전지도 영역에 대해서도 인정받는 계기가 되었다.

전쟁 수행에 있어서 자국의 정당성을 유지함으로써 주변국으로부터 지지와 동맹을 확보하고 상대국을 외교적 고립에 놓이게 하는 정치의 노력은 전쟁 승리의 밑바탕이 된다. 정치의 실패로 영국이나 프랑스가 덴마크를 강력히 지원하거나 후방을 위협하게 될 오스트리아 제국과의 동맹에 실패했다면, 덴마크와의 전쟁을 시작하지도 못했거나 단기간 내 승리를 보장받기가 어려웠을 것이다. 또한 무엇보다 군사작전의 승리가 없었다면 전쟁의 승리를 기약할 수 없을 것이다. 몰트케는 탁월한 작전지휘로 단시일 내 작전을 종결함으로써 유리한 여건에서 전쟁을 종결하게 했다.

#### ◆ 프로이센-오스트리아 전쟁(보오전쟁, 1866. 6. 21~7. 26)

덴마크와 전쟁을 벌여 획득한 슐레스비히와 홀슈타인에 대한 소유권 논쟁은 오스트리아 제국과 프로이센의 관계를 상당히 악화시켰다. 그렇지만 비스마르크는 협상을 통해 1865년 8월 오스트리아 제국은 홀슈타인을, 프로이센은 슐레스비히를 관할하는 것으로 타협했다. 슐레스비히·홀슈타인 문제와 독일 통일 방법에 대한 갈등으로 상황이 심각해지는 가운데 비스마르크는 외교노력에 힘쓰면서 전쟁에도 단호히 대비했다. 또한 이탈리아와 협상을 통해 오스트리아 제국과 프로이센 사이에 전쟁이 일어날 경우 이탈리아는 프로이센을 편든다는 조약을 1866년 4월에 체결했다. 비스마르크는 '분쟁을 일삼는 재상'이라는 국내외의 비난 속에서도 대화와 타협을 통한 외교노력을 게을리 하지 않았고, 전쟁이 불가피함을 깨달았을 때에는 신속히 전쟁을 결정하고 뚜렷한 목표를 가지고 행동했다.

프로이센-오스트리아 전쟁은 소독일주의로 통일을 추구하던 프로이센과 대독일주의를 지향하던 오스트리아 합스부르크 왕조가 독일연방 내의 주도권을 둘러싸고 벌인 전쟁이다.● 비스마르크와 몰트케는 프로이센을 중심으로 한 독일 통일을 위해 오스트리아 제국과 일전이 불가피하다고 인식했다. 비스마르크는 이탈리아로 하여금 오스트리아 제국의 배후를 공격하게 하고 다른 열강들이 간섭하지 않도록 외교적 노력을 기울였다. 몰트케는 이런 외교적 틀 안에서 대對오스트리아전의 작전계획을 짰다.

몰트케는 일찍이 철도 운용과 동원을 통한 외선작전 즉, 포위공격에 중점을 두었다. 프로이센군의 7분의 6을 약 300km의 장대한 활처럼 진을 치고 그대로 분산 전진하게 하여 적과 조우할 때까지 점차 고리를 좁히고, 주전장에서 일거에 섬멸하려는 매우 대담한 계획이었다. 당시 전장에 이르는 오스트리아 제국의 철도는 하나뿐인 반면, 프로이센은 다섯이나 보유하고 있었다.

당시 계획수립은 참모총장의 몫이었지만 명령은 전쟁장관이 내

---

● 소독일주의는 오스트리아를 제외하고 프로이센을 중심으로 한 독일 북부만을, 대독일주의는 오스트리아를 포함한 독일 전 지역을 통일하자는 주장이다.

리게 되어 있었는데, 전쟁장관 론은 비스마르크의 요구에 따라 라인 강 수비에 1개 군단을 남겨두라고 명령을 내렸다. 이에 몰트케는 분산이 가져올 재앙을 국왕에게 고하고 명령을 취소하게 했다. 이를 계기로 작전명령을 참모총장이 내리고 전쟁장관에게 통보하도록 변경되었다.

프로이센 국내외의 부정적인 예측과는 달리 세 방면에서 집중하여 사상 최대의 포위작전은 완전히 성공했다. 이어 몰트케는 군사적 승리의 여세를 몰아 오스트리아 수도 빈Wien 입성을 주장했으나, 비스마르크는 이를 단호히 반대했다. 왜냐하면 최종적인 독일 통일을 위해 프랑스와 일전이 불가피하고, 그러기 위해 오스트리아 제국의 호의적인 중립이 절대적으로 필요하므로 구태여 깊은 원한을 살 필요는 없었던 것이다.

영토 분할이나 배상금 지급 없이 즉시 강화를 맺고자 했던 비스마르크의 의견을 몰트케를 비롯한 대다수의 군인들은 당시에는 이해하지 못했다. 비스마르크는 극도의 난관에 봉착했지만, 황태자가 전승군을 이끌고 빈으로 진격하려던 부왕을 설득하여 강화에 성공함으로써 전장의 승리를 전쟁의 승리로 직결시킬 수 있었다. 프랑스와 러시아가 간섭할 틈을 주지 않고 끝낸 것이다. 대외정치면에서 비스마르크가 바라본 프로이센이 처한 위험과 보오전쟁 종결을 위해 외교적으로 지향해야 할 방향을 그의 언급에서 명확하게 알 수 있다.

> 나폴레옹 3세의 개입(보오전쟁 시 프랑스의 개입 시도)에도 불구하고
> 우리의 상황은 좋다. 만약 우리가 지나친 요구를 하지 않는다면, 그리
> 고 세계를 정복했다고 믿지 않는다면, 우리는 고귀한 평화도 성취할 것
> 이다. 그러나 우리는 너무나 빨리 도취해버렸다. 나는 물을 도수 높은
> 포도주에 붓는 보람 없는 임무를 지니고 있다. 우리가 홀로 유럽에 사
> 는 것이 아니라, 우리를 미워하고 시기하는 강대국들이 아직 세 나라나
> 더 있다는 사실을 상기해야 한다.[•]

보오전쟁의 작전계획 수립부터 강화협상에 이르는 과정은 전쟁
수행에서 위대한 정치가와 위대한 군인의 역할에 대한 이해를 돕는
대표적인 사례이다.

### ◆ 프로이센-프랑스 전쟁(보불전쟁, 1870. 7. 19.~1871. 5. 10.)

전쟁의 근본적인 배경은 독일의 통일을 완수하려는 프로이센의 정
책과 이러한 통일을 저해하려는 프랑스의 정책이 서로 충돌한 데 있
었다. 1868년 9월에 에스파냐의 이사벨 2세 Isabel II de España 여왕이 혁
명에 의해 축출되고 의회가 입헌군주제를 결정하자, 적대세력들은
서로 왕위계승자를 물색하고 나섰다. 비스마르크는 비밀요원을 마

---

• 빌헬름 몸젠, 최경은 역, 『비스마르크』(서울: 한길사, 1997), pp.63~65.

드리드로 보내 정치가들을 매수하는 등 책략을 통해 프로이센 태자인 레오폴트로 하여금 왕위계승을 선언하게 했다. 이에 프랑스는 대사를 통해 프로이센의 왕위계승권을 포기하도록 종용하여 빌헬름 1세에게서 양보를 얻어내는 듯했으나 결국 거절되었다. 이에 비스마르크는 프랑스의 실수를 간파하고 프랑스가 전쟁정책을 추구하고 있음을 퍼트리고 프랑스 정부를 자극하여 프랑스를 전쟁으로 유인했다. 마침내 1870년 7월 10일 프랑스는 프로이센에 선전포고를 했다.

전쟁이 발발하자 프랑스의 외교적 고립이 드러났다. 이는 비스마르크의 책략에 의해 부각된 프랑스의 호전성과 선전포고, 주위국가들과 외교적 우호관계를 유지한 데에서 비롯되었다. 러시아의 위협에 오스트리아-헝가리 제국*이 중립을 지켰고, 이탈리아는 처음부터 프랑스에 대한 지원을 거절했다. 유럽에서 프랑스의 주도권을 원하지 않았던 영국도 중립을 지켰다. 보불전쟁은 지역분쟁으로 국한되었는데, 이는 비스마르크가 원하는 바였다.

몰트케도 보오전쟁이 종결된 후 유럽 대륙에서 독일 통일을 이루기 위해서는 프랑스와 일전이 불가피할 것임을 알고 있었다. 이미 오래전부터 대불작전계획을 수립해왔기에 막상 대전이 발발했을 때, "이처럼 할 일이 없었던 때는 없었다"라고 할 정도로 준비된 군사작전을 수행했다. 비스마르크는 군사적으로 이런 몰트케를 절대

---

* 오스트리아가 1866년 보오전쟁에서 패배한 이후 헝가리와 제휴하여 수립한 이중제국.

포로로 잡힌 나폴레옹 3세와 비스마르크

적으로 신뢰했다. 또한 프랑스 의회가 개전을 결정한 이후에야 움직이는 형태를 취하는 교묘한 외교정책으로 타국이 간섭할 틈을 주지 않았으며, 몰트케는 순수한 군사적 견지에서 프랑스 전역을 위한 준비를 하고 있었다.

개전 1개월 반 만에 프로이센은 효과적인 방어작전으로 프랑스 황제 나폴레옹 3세를 포함하여 대군을 포로로 잡게 되었다. 비스마르크는 알자스로렌Alsace-Lorraine 지방을 합병하고 신속히 강화 교섭으로 들어가고 싶었지만, 몰트케는 파리 점령을 목표로 하고 있었다. 보오전쟁에서 빈을 점령하지 못한 프로이센군은 파리 점령을 갈망하며 파리를 철통같이 포위하고, 비스마르크에게는 외교교섭에 필요한 군사정보까지도 주지 않으려고 했다. 더욱이 비스마르크가 외교교섭을 해야 할 대상인 프랑스 황제를 포로로 하고 있어 전쟁을 끝낼 수 없었다. 프로이센 본국은 비어 있었고, 러시아나 오스트리아-헝가리 제국, 영국이 움직인다면 큰일이었다.

비스마르크와 프로이센 국왕 빌헬름 1세는 파리를 포위한 이상 포격이라도 해서 신속히 전쟁을 종결하기를 원했으나, 몰트케는 탄약이 불충분함을 들어 포위를 풀지 않은 가운데 장기전화하여 프랑스가 식량부족으로 항복하도록 강요했다. 비스마르크는 파리 포격을 즉각 이행하지 않은 것에 대해 몰트케가 자신의 군사적 영역을 벗어나 행동했다고 간주했다. 결국 빌헬름 1세는 비스마르크의 편을 들어 알력을 해소하고자 했다. 1870년 9월 19일에 파리를 포위하기 시작하여, 이듬해인 1871년 1월 15일에 가서야 파리 포격을 개시하여 1월 26일에 휴전이 성립되었다.● 결과적으로는 전쟁에서 승리했으나 몰트케는 당초의 예측에 중대한 오산이 있었음을 깨달았다. 대부분 전선에서 승리하여도 계속 싸우는 요새군要塞軍과 국왕이 없어도 계속 싸우는 비정규 국민군의 출현이 전쟁양상에 큰 변화를 가져올 것임을 인식했다.

비스마르크와 몰트케는 함께 꿈꾸던 독일의 통일을 이루었다. 그들의 관계가 온화하지만은 않았지만, 역할분담에 있어서는 원활했다. 비스마르크는 몰트케의 군사적 견해를 항상 외교정책상 중요한 요소로 간주했고, 또 몰트케는 비스마르크를 신뢰하고 외교에 대해

---

● 그에 앞서 1월 18일에 독일 제국의 수립이 선포되었다. 독일 통일은 프로이센을 중심으로 한 소독일주의와 오스트리아 중심의 대독일주의 사이 갈등에서 소독일주의가 승리한 결과라고 할 수 있다.

서는 참견하는 경우가 없었다. 참모본부가 제일 두려워했던 다정면 전쟁이 발생하지 않도록 비스마르크는 외교적 노력으로 철저히 보장해 주었다. 이는 독일의 지리적 여건상 매우 어려운 것이었으며, 앞서 프리드리히 대왕이나 이후 제1·2차 세계대전에서 실패한 원인도 여기에 있다. 전쟁 중 지휘권에 대해서는 비스마르크를 배제했던 몰트케는 외교에 관해서는 의견을 제시하는 데만 그치고 철저히 절도를 지켰다.

군사적으로 몰트케는 군대보다 무장한 농민을 격퇴하는 것이 더 어렵고, 앞으로의 전쟁은 장기전이 되어 한두 번의 전투로 전쟁을 승리할 수 없을 것을 예견했다. 비스마르크 역시 독일의 외교가 실패하면 대전쟁이 일어날 것이며, 7년쯤 계속될지도 모른다고 예측했다. 위대한 정치가와 군인의 예측은 제1·2차 세계대전에서 여실히 입증되었으며, 이들이 보여준 정치와 군사의 조화는 그리움의 대상이 되었다.

---

론은 칼을 갈아 준비하고,

몰트케는 이 칼을 쓰며,

비스마르크는 외교로 타국의 간섭을 배제하여

프로이센을 오늘의 승리로 이끌었다.

– 보불전쟁 승리 축하연에서 빌헬름 1세

---

도선사로 비유된 비스마르크가 독일 제국의 배에서 하선하는 모습을 빌헬름 2세가 물끄러미 쳐다보는 모습을 그린 삽화.

## ◆ 비스마르크와 몰트케 이후

1873년 독일·오스트리아·러시아가 체결한 삼제동맹三帝同盟이 러시아와 오스트리아의 대립으로 붕괴하자, 비스마르크는 러시아와 프랑스의 동맹 체결을 막기 위해 1887년 6월 18일 러시아의 알렉산드르 2세와 재보장조약을 체결했다. 하지만 1890년 3월 20일 비스마르크가 수상직에서 물러나면서 동맹체제는 흔들리기 시작했다. 러시아 측에서는 3년 만기인 재보장조약의 갱신을 희망했으나 비스마르크의 뒤를 이어 재상이 된 카프리비Georg Leo von Caprivi가 이를 거부하여, 재보장조약은 1890년 6월 18일에 파기되었다. 이에 러시아가 일변하여 프랑스와 동맹을 맺었고, 이로써 독일은 두 정면에서 거대한 육군을 가진 나라를 적으로 두게 되었다. 비스마르크가 없는 독일은 국제적으로 불리한 상태에 놓여 외교적 고립상태에서 헤어나지 못했다. 비스마르크가 실각한 후 독일 제국은 25년 동안 고립상태에 빠졌다.

한편, 군부에서는 몰트케, 발더제Alfred von Waldersee를 이어 슐리펜Alfred von Schlieffen 백작이 참모총장으로 발탁되었다. 슐리펜은 다정면 또는 양면전쟁을 필연적인 운명으로 믿고 있었다. 즉 그는 정치가의 리더십을 믿지 않았으며, 유능한 정치지도자가 없는 군의 비극은 이미 뚜렷하게 나타나고 있었다. 몰트케는 외교를 믿는 사고방식이었는데, 슐리펜의 사고에는 군사력에 의한 격멸만이 있을 뿐 외교라는 요소는 들어있지 않았다. 이는 독일의 정치현실을 직시한 불가피한 선택이었다.

알프레트 폰 슐리펜 백작

슐리펜은 '단기 다정면 전쟁, 완전각개격파'라는 근본 전략을 세웠는데 다정면 전쟁은 프리드리히 2세$^{Friedrich\ II}$의 7년 전쟁을 참고하고, 완전각개격파에 대해서는 칸나이$^{Cannae}$ 전투를 참고했다. 또한 러일전쟁의 교훈도 검토했다. 러시아가 요양전투, 봉천전투에서 일본군의 포위섬멸이 아닌 정면공격에 의해 패배한 이후 단시간 내에 회복함으로써 전쟁이 지구전 양상을 띠었다는 사실을 슐리펜은 주목했다. 하지만 이런 현상을 타개한 것이 일본의 외교였다는 것을

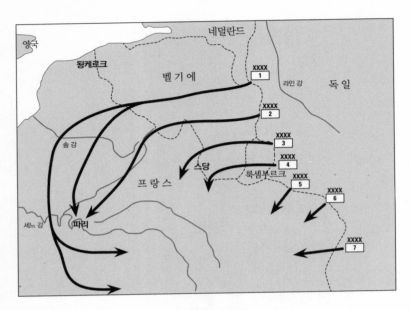

**슐리펜 계획**

슐리펜은 믿지 않았다. 또한 슐리펜의 생각은 칸나이 전투의 최후까지는 미치지 못했던 모양이다. 사실 카르타고 정치가 중에는 칸나이 전투의 대승리를 교묘하게 이용하여 전쟁의 승리로 결부시킬 만한 지도자가 없었다. 제2차 포에니 전쟁은 칸나이 전투(BC 216) 이후 14년간이나 계속되었고 한니발은 대수롭지 않은 전투에서 패배하고, 카르타고도 소멸하게 되었다.

　슐리펜과 그의 명쾌한 포위섬멸계획은 독일뿐만 아니라 인접 유럽 국가들에게도 널리 알려졌다. 참모와 그의 작전계획이 유명세를 타는 것은 독일로서는 비극이었다. 비밀에 붙여야 할 작전계획과

참모본부의 운용이 미래의 적이 될 인접국가에게까지 알려진다는 것은 바람직하지 않았다. 예를 들면 벨기에가 리에주<sup>Liège</sup>와 나무르 <sup>Namur</sup>를 요새화한 것은 작전계획이 노출된 결과였다. 정치가가 국제 사회의 신망을 얻고 외교협상력을 갖추는 것과 달리 군은 철저히 은 둔한 가운데 미래의 전장을 대비해야 한다.

# 정치적 리더십의 부재:
## 제1차 세계대전 전·후

● 　　　빌헬름 2세는 위대했던 그의 조부 빌헬름 1세가 가 졌던 위대한 참모총장과 같은 이름의 참모총장을 자신도 두고 싶 었던 유치한 동기로 대<sup>大</sup>몰트케(1800~1891)의 조카인 소<sup>小</sup>몰트케 Helmuth Johann Ludwig von Moltke(1848~1916)를 슐리펜의 후임자로 임명 했다. 하지만 소몰트케 자신도 그럴만한 능력이 없음을 알고 있었으 니, 전쟁을 준비하는 독일 제국에게는 불행이었다.

### ◆ 대전의 발발

1914년 오스트리아 황태자 프란츠 페르디난트<sup>Franz Ferdinand</sup>(1863~ 1914) 부부 암살사건이 발생했을 때, 독일은 결의도 굳히지 않은 상 태에서 오스트리아-헝가리 제국에 말려들어 대전에 돌입했다. 우유 부단했던 빌헬름 2세는 유럽국가들 중에서 동원령도 가장 늦게 선포하였고, 선전포고자가 되는 것을 두려워하다가 벨기에가 길을 열어주지 않자 부득이 개전을 선포했다. 전쟁을 수단으로 선택했다기보다 선택을 강요당했다고 볼 수 있다.

소몰트케는 슐리펜 계획을 믿지 않았지만, 대안도 없었기에 계획을 약간 수정하고자 했던 것이 대전 패배의 화근이 되었다. 서부전역의 포위섬멸을 위한 해머Hammer가 될 우익을 철저하게 강화하라는 슐리펜의 유언도 저버리고 우익에서 2개 군단을 빼내어 러시아 전역에 투입하는 우매함을 저지르게 된다.

대전 발발 이후 책임을 회피하려는 황제 밑에서 신경쇠약으로 의기소침해진 소몰트케의 뒤를 이어 등장한 팔켄하인Erich von Falkenhayn이 전쟁장관과 참모총장을 최초로 겸직하였는데, 훌륭하게 작전을 지도하였지만 결정적 승리를 거두지는 못했다.

#### ◆ 타넨베르크 전투의 영웅

전면에서 사라진, 부족한 황제의 빈자리를 메우기 위한 강력한 군사지도자의 등장은 자연스런 일이었는지도 모르겠다. 1914년 타넨베르크 전투에서 러시아군을 포위 섬멸했던 사령관 힌덴부르크Paul von Hindenburg와 참모장 루덴도르프Erich Ludendorff는 국민적 영웅이 되어 존경받기 시작했다. 마침내 1916년 8월 참모총장 팔켄하인이 베르됭Verdun 전투 실패로 사임하고 힌덴부르크가 참모총장, 루덴도르프가 참모차장으로 발탁되었다.

이들은 1916년 가을 이후 사실상 독일을 지배하는 군사독재자가

1917년 힌덴부르크(왼쪽)와 루덴도르프. (CC-BY-SA / Bundesarchiv)

되어 독일 전체를 통제하려 했으며, 황제도 이들에게 모든 주요사안을 결정할 수 있도록 권한을 위임했다. 루덴도르프는 참모차장에 불과했지만 힌덴부르크를 제치고 군사 및 정치부분에 대해 무소불위의 권력을 행사하였으며, 정부각료를 루덴도르프가 경질하는 일도 있었다.

대전 말기에 루덴도르프는 패전의 책임을 정부에 돌리고 독일 군부를 지키기 위해, 제국수상 게오르크 폰 헤르틀링Georg von Hertling과 외무대신 파울 폰 힌체Paul von Hintze를 조종하여 제국의회 다수당을 중심으로 한 민간정부를 수립하여 휴전회담에 임하게 했다. 독일군은 계속 승리하고 있었는데 좌파세력이 독일군을 배신하고 항복했다는 인식을 심기 위한 계략이었다. 즉 전쟁이 끝난 후 군부는 상처를 입지 않고 살아남아 항복한 문민정부를 경질하려는 계산이었다. 문민정부의 휴전협상이 진행되는 동안 저항을 고집하면서 휴전을 반대하여 패전의 책임을 문민정부에 돌리고자 했으나 더 이상 독일군이 저항을 계속할 수 없게 되면서 루덴도르프는 권력의 기반을 상실하고 약 2년 만에 사임했다.

대전 후반에 루덴도르프가 용병술에서 뛰어난 능력을 발휘하였으나, 그 역시도 군사 이외의 것에는 능력의 한계가 있었다. 독일에는 대전 중의 영국 총리 로이드조지David Lloyd George나 프랑스 전시내각 총리 클레망소George Clemenceau 같은 탁월한 정치지도자가 없었던 것이다. 독일은 총 동원병력 3,300만의 연합군과 맞서 4년 이상 싸우고 자국 영토 내에 적군이 단 한 발짝도 들어오지 못하게 했으면서도, 결국 전쟁에서 패하고 만다. 슐리펜의 계획을 구현할 수 있는 군사적 리더십과 대전에서 거둔 전투의 승리를 이용하여 유리한 조건 속에서 전쟁을 마무리할 수 있는 정치적 리더십의 부재가 주된 패전 원인이었다. 독일군이 도처에서 승리를 거두었음에도 패전하여 가혹한 베르사유체제를 맛보게 되자, 국민들 사이에서는 정치지도자가 서툴렀다는 인식이 널리 퍼졌다.

◆ **군국주의로 급전환**

제1차 세계대전의 마지막 2년에 힌덴부르크와 루덴도르프가 행한 작전지휘의 모습은 절대권력의 서곡에 지나지 않았다. 군 통솔력에 있어서 엄청난 권력 확대의 근본적인 원인은 독일 국민이 가진 타넨베르크 전투의 승리자에 대한 전례 없는 신망과 더불어 유명무실한 정치지도자의 역할이었다. 두 사람이 이 신망을 기초로 황제 빌헬름 2세를 조종하는 데에는 '사임위협'만으로도 충분했다. 루덴도르프는 참모본부와 민간관료간의 대부분의 마찰에서 사임위협으로 황제로 하여금 군부의 견해에 따르게끔 강제할 수 있었다. 1917년 여름 수상인 베트만홀베크Theobald von Bethmann-Hollweg를 축출하고 그 후임으로 몇 개월 뒤 허수아비 상전 역할도 하지 못하고 축출당하게 되는 헤르틀링 백작을 임명했다. 1918년에는 군부가 제시한 평화조약에 반대하는 외무장관을 해임하기도 했다. 1917년엔 수상의 반대에도 불구하고 무제한 잠수함 공격을 감행하고, 1916년엔 폴란드 육군사단을 동맹군의 일원으로 추가 편입시킬 희망으로 1916년 가을, 독립 폴란드 왕국의 창설을 주장하여 성공했다. 이 때문에 러시아와의 평화조약 체결이 지연되었다. 1917년 내내 그들은 합병주의적 전쟁목표 유지를 주장하며 협상에 의한 평화 달성 노력을 좌절시켰다. 이처럼 군 본연의 직분에서 이탈하여 국가정책에 개입하고 있었다.

이런 군부의 교의는 1935년에 발간된 루덴도르프의 『총력전Der totale Krieg』에 고스란히 담겨 있다. 루덴도르프는 직업군인의 전통적 관념을 일언지하에 거부하면서 "클라우제비츠의 모든 이론을 내던져 버려야 한다"고 말했다. 그리고 "18세기 이후 전쟁은 정치에 종속되었는데, 정치가 전쟁에 종속되어야 한다. 보불전쟁과 제1차 세계대전에서 독일이 겪은 괴로움은 황제, 수상, 참모총장 간 권위의 분산이 원인이었다. 전시에 모든 권위는 최고사령관에 집중되어야 한다"고 주장했다. 루덴도르프의 총력전 사상의 근간인 '민간에 대한 군의 우위'는 결국 제1차 세계대전에서 궁극적인 패배를 가져왔다. 국가이익에 우선하여 자원을 동원하고 전쟁을 수행해야 함에도 군사작전을 위해 모든 국가요소를 동원하고 민간의 어떠한 협상노력이나 외교전략도 허락하지 않았던 이유로 베르사유체제와 같은 강제된 평화조약 체결과정에서 국가이익 차원의 사고를 할 수 없게 된 것이다.

1919년 바이마르 공화국이 출범하고서야 군의 지배로부터 국가가 벗어날 수 있었다. 그러나 이 또한 완전한 관계 정립이기보다는 체제기반이 약했던 바이마르 정부가 정치적 패배와 혁명으로부터 정권을 보호하기 위해 안정적인 권력의 중심이었던 군에 의지해야만 하는 형국이었다. 직업군인의 전형이었던 제크트Hans von Seeckt가 참모총장이 된 후에야 '군은 당파를 초월하여 국가에 봉사한다'는 제정기의 옛 군인윤리로 돌아올 수 있었다.

전투의 승리를 전쟁의 승리로 유리하게 이끌어 갈 수 없었고 분산된 노력을 집중시키지 못했던 정치적 리더십은 독일의 제1차 세계대전 패배의 주원인이었다. 비스마르크 이후 독일의 근대 역사에 이름이 알려진 수상이 없었음은 바로 그러한 까닭이다. 더불어 정치적 리더십의 부재는 대전 후반에 루덴도르프 같은 강력한 군사지도자가 정치와 외교에까지 영향을 미치도록 하여 군국주의가 출현하게 만들었다.

군은 대전 패전 후 '강력한 정치지도자'의 부재에 대해 원망하는 분위기가 지배적이었다. 하지만 군사적 측면에서 전투의 승리를 통해 외교적 영향력을 높이기 위한 용병술적 전문성에 대한 자성 노력은 부족했다. 결전을 통한 완전한 승리를 구하는 '섬멸전'만이 전부가 아니라 전투 이외에 기동을 통한 적의 의지 말살과 같은 유리한 여건하에서 외교적·정치적 협상으로 나아갈 수 있는 '마비전'이 요구되고 있었는데 이를 간과한 면이 크다. 강력한 정치지도자에 대한 향수 이전에 군은 본연의 전문성 견지를 위해 노력했어야 했다.

# 강력한 정치적 리더십:
## 제2차 세계대전 전·후

●      정치와 군사의 정점에 동시에 존재하게 될 히틀러의 출현으로부터 제2차 세계대전의 발발과 확전, 그리고 패망에 이르는 일련의 과정을 살펴보고자 한다. 독일군과 국민들이 지극히 갈구하던 강력한 정치지도자를 얻었지만, 그것만으로 모든 것이 해결되지는 않았다.

### ◆ 히틀러의 등장

독일이 갈망했던 강력한 정치지도자의 자리에 아돌프 히틀러<sup>Adolf</sup> Hitler(1889~1945)가 나타났다. 독일 군부 역시 베르사유체제하에서 제약을 받는 현실을 타파하고 군의 위상을 회복하기 위한 강력한 정치지도자를 갈망하고 있었다.

집권 초기 히틀러의 군부 장악 과정을 살펴보면, 호감 표명과 강제적 방법을 동시에 구사했다. 먼저 자신의 오랜 정치적 동반자였던 룀<sup>Ernst Röhm</sup>이 이끌던 SA(돌격대<sup>Sturmabteilung</sup>)가 육군을 병합하려고 할 때 양측의 화합을 이끌어내는데 실패하자, 육군의 편을 들어 룀과 SA 지도자들을 총살함으로써 군부에 대한 자신의 충성심을 증명했다. 이후 히틀러가 1934년 8월 2일 힌덴부르크 대통령의 사망으로 독일 제국 총통에 취임하자 군부는 신속하게 지지 선언을 했다.

하지만 히틀러의 군에 대한 호의적인 구애는 오래가지 않았다. 히

1933년 3월 21일, 포츠담. 의회 개회식에서 당시 힌덴부르크 대통령과 인사를 나누는 아돌프 히틀러. (CC-BY-SA / Bundesarchiv)

틀러가 '생활권Lebensraum' 문제 해결을 위해 오스트리아와 체코슬로바키아에 대한 군사력 운용을 주장했을 때, 육군 최고사령관 블롬베르크Werner von Blomberg와 참모총장 프리치Werner von Fritsch는 군의 전투준비태세가 미흡함을 들어 반대했다. 이에 히틀러와 그의 추종자들은 1938년 블롬베르크와 프리치를 모함하여 직책을 박탈했다. 이로부터 군부는 자리보전을 위해 자신의 충성심을 증명하는데 더욱 골몰하게 되었고, 군사력 확장을 위한 장교 충원과정에서 나치에 대한 충성심을 우선시하였기에 군부는 더욱 히틀러와 나치에 귀속하려는 경향이 커졌다.

## ◆ 대전의 발발과 전쟁 수행

바이마르 공화국 시절 참모총장 제크트는 클라우제비츠나 몰트케처럼 군사전문성을 지니고 베르사유조약의 제약하에서 독일군의 재건을 이루었지만 제2차 세계대전이 발발하기 전에 사망했다. 군의 리더가 사라진 참모본부는 전면전쟁 계획에 반대했다. 군의 일각에서는 터무니없는 전쟁을 시작하려는 히틀러 암살계획(1938년)을 준비하기도 했다. 하지만 전쟁이 발발하자 통수권자에게 복종하고 전력을 다하여 싸우는 것이 직업군인의 책무였기에 히틀러의 지휘에 따라 전쟁을 수행할 수밖에 없었다. 전쟁 전 히틀러는 참모본부에 대해 얼마간 열등감을 가졌으나 참모본부가 채택하지 않았던, 만슈타인Erich von Manstein이 작성한 낫질 작전Sichelschnitt●을 채택하여 초기 프랑스 전역에서 승리를 거둠으로써 우월감에 휩싸였고, 그 후 참모본부의 의견을 경시하고 번복하며 자기 스스로를 군사적 천재라고 자만하기에 이른다. 참모본부와 일선지휘관의 반대에도 불

---

● 낫질 작전은 제1차 세계대전의 슐리펜 계획과 흡사했던 황색계획에 대비되는 것으로, 프랑스와 영국 연합군이 강력히 대비하는 북부지역이 아닌 중앙에 위치한 협지인 아르덴 삼림지대를 통과하여 공격하는 계획이다. 마치 낫으로 벼나 밀의 밑 부분을 잘라 들어 올리는 것과 같다고 하여 이런 이름이 붙었다.

'독일 기갑부대의 아버지' 하인츠 구데리안 (CC-BY-SA / Bundesarchiv)

에르빈 롬멜 (CC–BY–SA / Bundesarchiv)

구하고 됭케르크Dunquerque에서 영국군을 섬멸하지 못했던 점과 양면 전쟁에 처하게 만든 대소전의 개전은 히틀러의 간섭이 극심했음을 잘 보여준다.

얼마 후 참모총장 할더와 히틀러의 사이가 크게 벌어졌다. 할더 는 민스크 포위에 이어서 모스크바로 직행하고자 하였으나, 히틀러 는 남부공업지대 확보를 위해 중앙군의 일부인 구데리안Heinz Guderian 의 제2기갑군단을 남쪽 키예프로 돌려 포위전에 가담시켜 버렸다. 이로써 60만의 소련군을 포로로 잡는 대승을 거두어 히틀러를 더욱 자만에 빠지게 만들었으나, 약 한 달간의 공격 지체는 모스크바로의 진격을 어렵게 만들었다.

이후 아프리카 전역에 롬멜 장군이 이끄는 전차부대를 파견하거 나 참모총장 자이츨러Kurt Zeitzler의 반대에도 불구하고 제6군을 스탈 린그라드에 방치하는 등 군의 의견을 무시한 정치지도자의 독선과 아집의 폐해가 극명하게 나타났다. 1944년 7월 20일, 또 한 차례의 히틀러 암살계획 실패는 군에 대한 히틀러의 불신과 독선을 더 이 상 되돌릴 수 없는 상태에 놓이게 했다. 자이츨러에 이어 참모총장 에 오른 구데리안도 절망했다. 대전 말기에는 급기야 독일을 북부군 관구와 남부군관구로 나누어, 북부군관구를 해군에 맡기고 남부군 관구는 공군에게 맡겼다. 결국 프로이센 건국 이래 항상 국가의 근 간이던 육군을 완전히 무시하게 된 것이다. 그래서 오랜 전통을 가 진 독일 참모본부는 강력한 정치지도자의 출현에 의해 표면적으로 는 사라져 버리고 말았다.

## ◆ 패전의 책임

제1차 세계대전에서 독일은 정치가가 약하여 전투의 승리에도 불구하고 전쟁에서 패배하여 막대한 배상금을 물어야 하는 처지에 놓였었는데, 제2차 세계대전에서는 반대로 정치가 너무 강하여 군사작전의 승리를 무색하게 만들고, 군사적 가능성을 배제한 독선적 정치논리에 의해 독일은 또다시 패배를 당했다.

히틀러는 강력한 정치가였지만, 결코 바람직한 지도자일 수는 없었다. 히틀러가 외교적 노력으로 얻어낸 긍정적 산물은 사실 전무에 가깝다. 1938년 9월 28일 폴란드가 항복하자 10월 6일 히틀러는 평화를 호소하면서 서방 강대국들과 타협을 시도했지만 수포로 돌아갔다. 영국과 프랑스가 독일과 소련에 의한 폴란드 분할점령을 간섭하지 않고 그대로 승인해서 중동부 유럽의 문제를 종결짓고자 했지만, 평화를 지향하고자 하는 자신의 의도를 대외에 제대로 전달하지 못했고, 유럽은 순식간에 대규모 전쟁에 휩싸였다.

1940년 5월 10일 프랑스 전역을 시작하는 히틀러의 전략목표 중하나는 영국에 특사를 파견하여 프랑스의 패배를 부각하는 방법으로 군사적 압박을 가하고, 세계전략 차원에서 자신의 요구조건에 부합한 대타협을 실현하는 것이었다. 아르덴을 통과한 독일 기계화부대 선봉이 바세 운하La Bassée Canal에서 정지한 이유는 표면적으로는 기계화부대 기동에 불리한 지형 조건 때문이나, 그 이면에는 퇴각하는 영국군에게 됭케르크 철수를 가능하게 해줌으로써 영국과의 타협을 통해 유럽 대륙에 대한 독일의 통제권 양보를 얻어내는데 있었다.

히틀러는 군사력을 서부에서 동부로 전환하여 러시아 전역을 개시할 때까지도 영국이 곧 양보하는 입장을 추구하게 될 것이라고 굳게 믿었다. 1940년 7월이 되어서야 히틀러는 자신의 낙관론과는 상반되게 영국이 미국의 지원하에 계속 전쟁을 수행하려 한다는 것을 깨닫고, 영국과 타협을 성립시키려는 마지막 시도로 1945년 5월 10일 당내 제2인자 루돌프 헤스Rudolf Hess를 항공기편으로 영국에 보냈다.

이와 같이 대전 전반에 걸친 영국을 향한 히틀러의 구애는 희망사항으로 남은 외교노력이 되고 말았다. 만슈타인의 작전계획을 채택한 자신의 판단과 독일군의 작전적 수준의 뛰어난 용병술에서 얻은 '프랑스 전역의 승리'에도 불구하고 히틀러는 어떤 외교적 성과도 이루지 못했다. 전쟁목적과 수단을 원만히 연결시키지 못한 채 성취감에 뒤따르는 필연적 유혹인 독선에만 빠져들고 말았다.

하지만 정치의 독선에 맞서 제구실을 하지 못한 독일군 최고사령부에도 그 책임을 묻지 않을 수 없다. 국방군 총사령관 카이텔Wilhelm Keitel의 임명과정에서 "카이텔은 지시를 따르는 사환使喚에 불과하다"라는 블롬베르크의 평에 "그렇기 때문에 그를 선택한다"라는 히틀러의 대답은 카이텔의 인물됨과 국방군 총사령부의 위상을 짐작하게 한다. 국방군 총사령부는 군사작전의 최고지휘부로서의 역할을 찾아보기 어려웠을 뿐만 아니라, 전역작전에 대한 통제권한을 놓고 육군 최고사령부와 반목을 거듭했다.

제2차 세계대전은 그 발발과 수행과정에서 정치와 군사 모두 히틀러라는 한 정점에 집중되어 있었다. 전략적 판단이 부재한 가운데 시작한 전쟁에서 독일군의 작전술적 우월성 덕분에 거둔 1939~1941년 승리는 히틀러에게 독선과 오만의 벽을 높이 쌓게 했다. 이는 히틀러로 하여금 군사작전에 깊이 관여하게 하였으며, 수백 킬로미터 후방에서 현실감각 없이 군사작전을 지휘하게 함으로써 패전을 더욱 가속화시켰다.

부적절하거나 불명확한 정치적 전략을 지닌 채 독선에 빠진 정치지도자와 군사적 전문가로서 제역할을 다하지 못한 채 끝내는 고스란히 작전지휘권마저 내준 독일군 지도부는 가장 잘못된 정치와 군사의 관계 조합으로 남았다. 무능한 정치지도자가 군사작전까지 직접 관여하는 상황은 전쟁 수행에 있어서 가장 경계해야 할 정치와 군사의 조합이다.

# 정치와 군사의 올바른 역할

●　　　　독일의 근현대사는 전쟁 수행에 있어서 정치와 군사의 역할에 대한 교과서적 사례를 제시해주고 있는데, 전쟁에 대한 태세와 능력을 유지해야 할 우리에게 시사하는 바가 크다.

## ◆ 군사목표는 전쟁목적 달성을 지향해야 한다

비스마르크는 프로이센 융성과 독일의 통일이라는 국가목적을 위해 대화와 타협을 통한 외교에 우선을 두었지만, 무력충돌이 불가피한 경우에는 단호히 전쟁을 대비하고 또 결행했다. 또한 군사작전이 자신의 생각과 다른 최종상태를 지향하려 할 때 군부를 설득할 줄 알았고, 기다릴 줄 알았으며, 군사작전의 승리를 바탕으로 최상의 외교적 협상결과를 일구었다. 보오전쟁 시 빈 점령을 주장하는 국왕과 군을 설득했고, 보불전쟁 시 파리 포위 후에 포격을 지연하는 군을 기다렸다.

몰트케는 전쟁을 통해 달성하고자 하는 프로이센의 국가목표에 대해 잘 이해하고 있었다. 또한 몰트케는 군과 정치의 역할에 대한 가치관이 명확했다. 몰트케는 정치가 무엇인가를 알았지만 정치적 야망을 품지 않았으며, 군의 견해를 정력적으로 제시하는 데 그쳤다. 몰트케가 지향했던 군은 '비정치적 군대'였으며, 전쟁을 수행하는 군의 올바른 입장을 그의 언급에서 찾아볼 수 있다.

---

군사지도자는 군사작전에서 군사적 승리를 목표로 삼아야 한다. 그러나 그 자신의 군사적 승패여부에 대한 정치적 처리는 그가 관여할 일이 아니다. 그것은 정치가의 영역이다.●

---

● 사무엘 P. 헌팅턴, 박두복·김영로 공역, 『군과 국가』(서울: 김영사, 1997), pp.130~131.

제1차 세계대전 말기 등장했던 강력한 군사지도자 루덴도르프는 군사작전을 우선시하여 전쟁을 수행함으로써 국가이익을 극대화하려는 정치적 노력을 경시했다. 정치의 외교 협상노력을 무시하고 정부각료의 인사에까지 관여하면서 전쟁을 고집했다. 군사력이 소진되고 자신의 경질이 있은 다음에야 전쟁 종결협상은 체결될 수 있었으나, 이미 협상의 우위는 사라진 다음이었다.

제2차 세계대전에서 정치와 군사의 정점에 동시에 존재했던 히틀러는 자신의 정치목적에 군사목표를 수단화하는 데는 어느 때보다 원활했다. 하지만 그는 군사작전에는 전문적이지 못했고, 외교 분야에서는 평화지향적인 이미지를 부각시켜 협상에 이를 만큼 현실의 군사작전으로부터 자유롭지 못했다. 결국 자신의 죽음과 완전한 패배에 이를 때까지 강화협상에 성공할 수 없었다.

우리 군이 수행할 전쟁은 우리 영토에서 국가의 제반요소를 총동원하여 수행하게 될 것이다. 짧은 작전종심과 빨라진 템포, 무기의 살상력 증가 등은 정치와 군사의 역할에 많은 도전이 될 것이다. 국가 제반요소를 군의 일원화된 지휘체계하에 통제하여 전쟁을 수행하게 되면 작전반응시간이 짧아지고 제반요소를 통합하는데 유리할 수 있으리라는 판단이 앞설 수 있다. 그렇다 하더라도 군사목표는 전쟁목적을 지향하고 정치외교 영역을 존중해야 한다. 한반도의 항구적 평화와 영토적 통일의 기회를 포함하는 유리한 여건 속에서 전쟁을 종결하기 위해서 주변 4대강국과의 외교적 노력이 전제되고, 군사는 정치의 수단으로 존재해야 한다.

전쟁은 다른 수단에 의한 정치의 연속에 불과하다. (…) 왜냐하면 정치적 의도는 목표이며, 전쟁은 그것을 달성하려는 수단이기 때문에 목적이 없는 수단은 생각조차 할 수 없기 때문이다.●

오늘날 전쟁양상의 변화는 클라우제비츠의 명제에 대해 의문을 야기하기도 한다. 적이 외교권을 가진 국가가 아닌 폭력집단이나 단체, 게릴라 등으로 확대되고, 끝까지 상대에게 손실을 가하겠다고 덤비는 적들에게 더 이상 살상과 파괴의 위협만으로 전쟁을 종결하지 못하고 있다. 그렇지만 한반도 전역의 경우, 적이 명백하고 상호 충돌하려는 의지가 분명하다는 측면에서 전쟁은 정치의 연장선에서 정치목적을 달성하는 수단으로 남을 것이다. 군이 전쟁목적을 달성하기 위한 억제수단으로서든, 결정적 승리를 가져다주는 공세수단이든 군사목표를 설정하고 이를 달성할 수 있어야 한다.

### ◆ 정치는 전쟁과 군사에 대해 올바르게 알아야 한다

평시 양병은 전쟁의 큰 손실에서 자국의 이익을 보전하는 보험이다. 군주가 절대권력을 행사하는 소수국가를 제외하고, 군사력 건설은 국가예산을 편성하는 정치인에게 달려있다. 군대를 뒷받침하는 국

---

● 카를 폰 클라우제비츠, 류제승 역, 『전쟁론』(서울: 책세상, 1998), p.55.

민적 합의를 통한 정치의 지지가 없으면 전승을 보장받기 어렵다.

비스마르크 시대의 독일 정치가들이 40년간 비스마르크가 유럽 대륙에 가져다준 평온을 제대로 이해하지 못했던 것처럼, 아무리 위대한 정치가라 하더라도 자신이 속한 시대가 가진 인식의 한계를 벗어나기가 어렵다. 그래서 전략적 긴 안목을 가진 정치지도자의 예리한 통찰과 일관된 노력이 필요하다. 특히, 군사력 건설 방향 설정은 국민대중의 바람에만 영합해서는 안 되며, 국가의 안보와 이익이라는 큰 그림에 기초해야 한다.

안보정책이 정치지도자의 개인 의지에 과도하게 의존하면 안보환경이 변하였을 때 안보정책을 전환하는데 많은 기회비용을 지불할 수도 있다. 시스템에 의한 안보위협평가에 기초하여 지속 가능한 안보정책을 유지해야 한다. 정략이 아닌 국익에 우선한 지속성있는 국방정책을 유지하기 위해서는 시스템을 갖추는 것이 필요하다고 본다. 즉 국방정책에 대한 지식을 축적하고 지속적으로 발전시키기 위한 연구 및 자문기관이 필요하다. 이 기관은 정파적이지 않고 군이나 정치의 이해관계로부터 자유로운 순수 전문가 집단으로서 자율적이고 선도적인 정책 제시 기능이 주가 되어야 한다.

여기서 미국의 사례를 잠시 살펴볼 필요가 있다. 미국은 안보전문가 집단을 구성하여 국가안보개혁 연구PNSR: Project on National Security Reform를 진행하고 있다. 이 연구는 정권 교체와 무관하게 국가안보정책 결정과 관련한 다수의 사례를 다년간 연구·분석해오고 있다. 주된 방향은 국가안보를 대통령 개인이나 의회 조직의 역량에 과도하게 의존하지 않기 위한 안정적이고 효율적인 국가안보체계 구축 방안을 수립하는 데 있다. 다년간에 걸친 연구성과는 행정부에 보고되어 안보정책 수립을 보좌하게 된다. 우리의 안보연구집단 중에는 천안함 피격사건 이후 2010년 5월 9일 신설된 대통령 직속 국가안보총괄점검회의와 그보다 앞서 2009년 12월 21일에 출범한 국방부 산하 국방선진화 추진위원회가 있었고, 2014년에는 병영문화혁신위원회 등이 있지만 한시적 조직에 지나지 않는다. 미국의 국가안보체계 개선노력을 참고하는 것이 필요하다.

민주주의가 성숙하지 못한 국가에서는 군 스스로가 정치에 개입하지 않고 본연의 자리를 고수하는 '군의 정치적 중립'이 중요하다. 하지만 민주주의가 자리 잡고 군에 대한 문민통제가 정착한 국가에서는 정치가 '군의 정치적 중립'을 보장해주려는 배려가 필요하다. 확고한 대적관 확립, 군 인사권의 공정성 보장, 장기적 안목의 군사력 건설 보장 등은 굳건한 안보를 위한 기본조건이다. 군이 정치개입에 대한 경계의 대상에서 튼튼한 안보 구축을 위해 정치적 중립을 보장해줘야 할 배려의 대상으로 전환되는 시기를 단정해서 말할 수는 없으나, 정치와 군사의 올바른 관계는 상호 노력의 산물이다.

전쟁의 승리가 군사작전의 승리만으로 결코 달성될 수 없음을 정치지도자들은 이해해야 한다. 제2차 세계대전 시 독일은 프랑스 전역의 승리에도 불구하고 외교적 협상을 통한 유럽 대륙의 통제권 확보에 실패하고 지속적인 저항을 불러일으켰다. 또한 정치지도자는 올바른 전쟁목적 설정과 군사작전의 승리를 전쟁의 승리로 이끌어

낼 수 있는 외교력을 갖추어야 한다.

　국방부가 발간한 홍보책자『2013-2017, 적정 국방비 규모』중 세계 주요국가의 국방비 비교를 보면 우리나라의 국방비 지출 총액이 세계 주요 10개국 중 9위를 차지했다. 또 세계 주요 10개국 중 GDP대비 국방비 지출은 5위를 차지했다. 그럼에도 불구하고 초강대국의 틈바구니에서 상대적 약소국일 수밖에 없는 지정학적 환경에 놓여 있다. 따라서 강대국과의 외교노력을 통해 국익을 극대화하는 종전 여건을 조성하는 일은 매우 중요하다. 현 한미동맹체제 속에서 억제력과 외교력을 뒷받침 받더라도 주변 4대강국과의 외교적 유대관계를 돈독히 하고 외교 채널을 통한 부단한 협상력을 유지해야 한다. 비스마르크가 유럽의 중앙에서 외교적 노력을 통해 군사작전의 유리한 여건을 조성하고 국익을 극대화했음을 주목해야 한다.

　한반도 전쟁 발발 시 영토적 통일의 기회로서 한만국경선까지 회복하는 방안 이외에도 유리한 정치적 협상조건을 달성하기 위한 제한전쟁도 구상해야 한다. 더불어 장사정포 사거리 내 수도권 인구밀집, 대량살상무기(WMD) 보유, 대규모 특수작전 및 기계화부대 등 구조적 비대칭위협 속에서 전쟁을 수행해야 하는 현실에서 폭력 대결을 피하거나 유리한 여건 속에서 전쟁을 수행할 수 있도록 하는 정치의 역할이 중요하다.

## ◆ 군은 전문성을 견지해야 한다

제1차 세계대전이 끝났을 때 독일군은 패전의 원인을 정치지도자의 실책으로 돌리고자 했다. 혹독한 베르사유체제를 겪고 있는 독일 국민들 역시도 '강력한 지도자'의 부재를 아쉬워하고 있었다. 그러나 군은 용병술 영역에 대한 자성과 발전 노력이 부족했다. 결전에 의한 '섬멸전'만을 추구하던 모순에서 벗어나 기동이 중요한 수단임을 인식하고 '마비전'에 의한 용병술의 발전을 도모했어야 했다. 슐리펜의 유언을 지켜 강력한 우익을 지켜낼 수 있는 군내 리더십 부족을 반성하고 참모양성 만큼이나 리더십 개발에도 노력해야 했었다.

제2차 세계대전 후 뉘른베르크<sup>Nürnberg</sup> 전범재판과 회고에서 밝힌 바와 같이 전후 생존 장군들은 전략 부재와 지나친 확전의 책임을 전적으로 히틀러에게 전가했다. 하지만 군사지도자 역시 그 역할을 다하지 못했음을 자성해야 한다. 강력한 지도자 히틀러가 등장했을 때 군은 과거의 영광을 가져다 줄 수 있으리라는 기대감으로 열렬한 지지를 보내고 그로부터 인정을 받고자 혈안이 되었다. 전쟁 중에 군은 국가 전쟁목적과 정책 수립에 대한 적절한 조언과 용병에 대한 최고사령부의 역할 수행 등에서 책임을 다하지 못했다.

전장환경은 날로 복잡해지고 있다. 다양한 무기 및 전력지원체계와 제대별 용병술, 합동작전지휘 및 수행 등 제대별, 분야별로 많은 직무지식을 필요로 하고 있다. 직업군인의 전문성은 학문적 연구나 단기간의 압축된 경험으로는 갖출 수 없으며, 점진적으로 누적된 직접경험과 부단한 노력으로 획득한 직무지식과 간접경험이 융합된 산물이다. 직업군인이 갖추어야 할 전문성을 인성과 지성으로 나눈다면 지성의 중요성이 더욱 증가하고 있다. 다양한 정보와 지식의

풍요 속에서도 실천적 지식 축척을 위해 부단히 노력해야 한다. 과거 어느 때보다 직업군인들에게 평생교육의 필요성이 대두하고 있다. 이런 교육을 위해 개인의 노력과 더불어 보수교육체계 확대 구축, 각급 부대의 간부교육, 다양한 콘텐츠 개발에 의한 원격교육 활성화 등이 필요하다.

군은 전쟁목적을 달성하기 위해 전문성을 견지하여 군사작전에서 승리를 추구하고, 아울러 전쟁목적 설정, 군사력 운용에 대해 정열적이고 적절한 군사적 조언을 할 수 있어야 한다. 정치지도자에게 군사력 운용과 관련한 적절한 조언을 할 수 있는 전문성 견지는 꼭 필요하다.

### ◆ 군과 정치는 건강한 상호관계를 필요로 한다

오늘날 정치와 일반대중은 각종 미디어의 발달, 자신의 경험에 기초한 인식, 다양한 보고 및 정보전파 수단 등에 의해 군사에 대해 잘 안다고 여기게 되었다. 정치가 군사에 대해 많이 알거나 안다고 생각하게 되면 군의 고유영역에 대해 지나치게 간섭하려는 경향이 강해진다. 『손자병법』의 모공편謀攻篇에서는 군주의 역할에 대해 다음과 같이 얘기하고 있다.

군주가 군에 대해 근심을 끼치는 일이 세 가지가 있으니, 군이 나아가서는 안 됨을 알지 못하고 나아가게 하고, 군이 물러서서는 안 됨을 알지 못하고 물러나게 명하는 것이니, 이를 일러 군을 속박하는 것이다.(君之所以患於軍者三. 不知軍之不可以進而謂之進, 不知軍之不可以退而謂之退, 是爲縻軍.)

군주가 군대의 일을 알지 못하면서 군대의 행정에 간여하면 군사들을 혼란케 할 것이다. 군대의 (전장에서의 임기응변적인) 작전을 알지 못하면서 군대의 작전에 간여하면 군사들의 의심을 사게 된다.(不知三軍之事, 而同三軍之政者, 則軍士惑矣. 不知三軍之權, 而同三軍之任, 則軍士疑矣.)

---

정치의 군에 대한 지나친 개입은 정치논리에 따라 때로는 현존하거나 발생 가능한 위협을 경시하거나 실제 발생한 위협을 정치논리에 맞게 가공할 개연성이 있다. 정치논리에 의해 위협을 가장할 가능성도 있다. 전장의 복잡성은 더욱 전문성을 요구하고, 작전템포의 증가는 지휘의 통일을 필요로 한다. 정치의 지나친 개입이 이를 저해하면 어떠한 물리적인 우위를 갖는다 해도 전승을 보장하기 어렵다. 국가전쟁목적을 통해 군사작전목표와 주요부대운용에 대해 승인하거나 일반적 지침을 줄 수는 있어도, 군 고유의 작전지휘 영역에 대한 지나친 개입은 군을 단순 도구화할 수 있다. 반면에 군과 군인이 과도하게 국민적 인기를 누리던 시대에는 군이 직분을 넘어서 정치에 관여할 가능성이 크고, 상황이 급박해지면 정치적 리더십을 배제하려는 경향이 있을 수 있다. 제1차 세계대전 시 내각의 인사에

도 관여하고 종전의 협상도 반대하는 극단의 모습을 보인 루덴도르프가 그 예이다.

즉, 정치와 군사가 자신의 역할에 충실하면서 서로의 전문성에 대해 인정하는 '건강한 상호관계'가 지켜질 때 국가안보가 더욱 튼실해질 수 있다. 건강한 상호관계는 상호 신뢰를 기반으로 형성된다. 평시부터 정치와 군사 간에 부단한 의사소통을 통해 안보위협에 대한 평가와 전략지침으로부터 군사적 조치에 대한 관점을 일치시켜야 한다.

두 차례 걸프전 시에 미국의 주요 언론매체는 현장의 모습을 전하는 본연의 기능 외에 메시지 전달 수단으로서 전략적 커뮤니케이션을 위한 수단으로서도 활용되었던 반면, 우리사회의 언론은 스포츠 현장 중계와 같이 군사적 조치와 성패를 여과 없이 전하고 있다. 전략적인 시나리오 없이 스포츠의 골득실 실황 중계와 같이 전장상황 중계는 상호 신뢰를 쉽게 허물어트릴 가능성이 높다. 군의 전문성 견지 노력과 더불어 정치지도자가 평시부터 양병에 대한 관심과 애정을 가지고 노력해나갈 때만이 굳건한 신뢰를 형성할 수 있다. 굳건한 상호 신뢰를 형성해야 유사시 확고한 대응과 조기 조치를 보장할 수 있다.

# 되새김

● 　　　　프로이센을 중심으로 한 독일 통일과 제2제국의 수립과정에서 비스마르크와 론, 몰트케가 보여준 전문성, 상호간 이해와 존중, 클라우제비츠의 명제들에 대한 실천 등은 가장 이상적인 모습이다. 몰트케와 비스마르크가 사이가 좋지 않았으면서도 끝까지 서로 신뢰하고 협력했던 것은 국가의 장래에 대한 근본인식을 같이했기 때문이다. '독일이 강력한 육군을 가진 나라들 사이에 끼어 있으면서도 국방에 도움이 될 천연의 요새는 없다'는 클라우제비츠의 근본인식을 같이하고, 독일 연방의 통일만이 프로이센이 나가야 할 길이라고 다짐했던 것이다. 목표와 방향을 같이했기 때문에 각자의 영역에서 상호간에 건전한 견제와 발전을 거듭할 수 있었으리라 생각한다.

　정치와 군사가 국가안보의 구축방향에 대해 공감하기 위해서 먼저는 안보위협에 대한 인식을 같이해야 한다. 그리고 국가안보전략과 전략지침을 명확히 하여 군사전략과 연계해야 한다. 하지만 군주제나 전제주의 국가와 같이 정치지도자가 장기간 국가전략을 일관되게 고수할 수 있는 여건이 되지 못하고, 단기간의 임기에 따라 국가안보전략이 변화하는 현실에서는 사람이 아닌 시스템에 의한 국가안보전략을 보좌할 수 있어야 한다.

　전쟁지도를 위해 정치지도자들은 정치목적과 군사목표의 관계에 부정적으로 영향을 미칠 수 있는 국제적 환경요인들을 감소시키고,

전쟁지휘자로서 평시 양병에 대한 관심과 지휘능력 배양과 동시에 국민적 공감대를 형성하기 위해 노력해야 한다. 또한 군은 국가전략 목표를 달성할 수 있도록 군사목표를 설정해야 한다. 아울러 군사력 건설 및 운용에 관한 합리적인 국가안보의 올바른 방향 설정에 적절한 군사적 조언을 할 수 있어야 하며, 그러기 위해 무기 및 장비를 다루는 기술로부터 용병술에 이르기까지 전문성을 견지하는 것이 필요하다. 이와 같이 정치와 군사가 각자의 역할에서 전문성을 견지하였을 때 '건강한 상호관계'가 성립할 것이다.

그렇지 않고 군사가 정치의 단순한 도구로 남는 경우, 즉 정치논리가 군의 존재가치를 좌우하게 되는 경우에는 평시 군사력 건설방향, 유사시 군사력 운용방향 등이 단기간 내에 심하게 요동칠 수 있다. 오래전 비스마르크와 론, 몰트케가 '강력한 프로이센을 통한 독일 통일'이라는 공통된 목표를 가지고 오래도록 조화를 이루었던 것처럼 오늘 다양한 안보위협이 내재한 상황에서 공통된 목표를 공유하는 일은 무엇보다 중요하다.

# 03

# 전투와 전쟁

## 전투엔 이기고 전쟁에 패하다

. . .

옳다고 행하였지만 종종 일을 그르치기도 한다. 유일 군사강대국으로 21세기를 시작한 미군의 전쟁수행방식이 장기적이고 평화적인 최종상태 달성을 더 어렵게 하고 있다면 믿겠는가? 전쟁의 승리에 기여하는 전투 수행이 필요하다.

# 쉬운 승리, 어려운 종결

●       아프가니스탄과 이라크에서 계속되는 테러 발생 뉴스는 '전쟁 종결'이라는 말을 무색하게 한다. 미 정부는 2001년 10월 7일 북대서양조약기구(NATO)군이 아프가니스탄을 공격한 지 약 13년 만인 2014년 12월 28일 미군의 전면 철수를 선언했다. 하지만 이후로도 1만 명 미만의 병력을 아프가니스탄에 잔류시키는 방안을 검토하고 있다. 미국이 아프가니스탄의 수렁에서 완전히 벗어나는 길은 여전히 멀어 보인다.

이라크 전쟁의 경우도 2003년 3월 20일 미군과 영국군이 이라크를 침공한 후, 그해 5월 1일에 부시 대통령이 '임무 완수'를 선언했다. 하지만 공식적으로 전쟁이 종결된 것은 이로부터 8년 가까이 지난 2011년 12월 15일이다. 치안은 여전히 불안한 상태다.

아프가니스탄과 이라크에서 직접적인 군사작전이 종료된 후에 안정화와 재건 과정이 훨씬 길고 어려웠다. 막대한 예산과 인력을 투입하였음에도 내부는 불안한 상황이다.

아프가니스탄 남부에서 활동을 재개하는 탈리반Taliban과 증가하는 아편 생산은 미국과 나토의 재건노력 효과에 대해 의문을 갖게 했다. 이라크에서의 재건노력은 예상할 수 없는 안전문제에 의해 종종 교착되기도 한다. 폭도, 군사세력, 종교집단, 외국의 테러리스트, 불법적으로 편익을 추구하는 자들이 저지르는 폭력은 이라크의 안전을 유지할 수 없게 만들었다. 급기야는 200만 이상의 이라크인이 고향을 떠나 이웃나라로 이주할 정도로 이라크의 치안은 악화되었다.

두 전쟁에서 끊임없는 전후 도전들은 제3단계 작전의 성공과는 완전히 딴판이었다. 미군 전력은 2001년 10월 아프가니스탄에서 전쟁을 시작한 후 두 달 만에 수도 카불을 수중에 넣었고, 다른 주요 도시들도 그해 말까지 함락했다. 2003년 이라크 전쟁 시에도 단 6주 만에 바그다드를 탈취했다. 두 분쟁에서 벌인 군사작전은 강력하

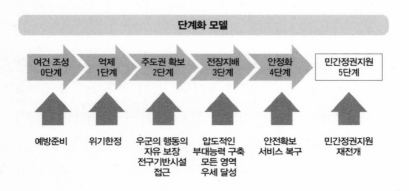

**전쟁의 단계화 모델** 미군에서는 합동작전을 여섯 단계로 구분하고 있으며, 우리 군도 이를 따르고 있다. 직접적인 군사작전은 3단계 이전을 말하고, 안정화 및 재건 지원은 4단계를 말한다.

고, 신속하며, 결정적이었다.

이라크와 아프가니스탄에서 재건작업이 큰 도전을 받고 있는 원인에 관한 분석은 그리 많지 않다. 일부는 전쟁 발발 이전과 재건활동 기간의 '정보의 실패'를 지적했다. 다른 측에서는 전후 재건에 대한 고위 지도자들의 단편적이고 임시방편적인 접근을 지적하기도 했다.

원인에 대해 좀 더 타당한 설명이 될 수 있는 사실, 즉 '재건활동 이전의 군사작전 수행'에 대해서는 거의 논의되지 않고 있다. 우리는 3단계와 4단계 작전이 각각 독립적으로 수행된 것처럼 생각한다. 그러나 이 두 단계는 상호 연관되어 있다. 미군의 전쟁수행방식이 장기적이고 평화적인 결과 달성을 더 어렵게 만드는 것인가?

필자는 미군의 전쟁수행방식 중 3단계 작전에서 사용한 교리와 전술이 4단계 작전에서 해결해야 할 추가적인 문제들을 만들어냈다고 믿는다. 안정화작전을 어렵게 하는 원인들은 많겠지만, 그중에서 선행했던 군사작전의 전투수행방식에 문제가 없었는지 돌아보고 관련 교리를 수정할 필요가 있다.


## 안정화작전의 난맥상

● 보다 유리한 여건 속에서 안정화작전을 시작하게 하고, 궁극적으로 신속한 전쟁 종결에 기여하기 위해 3단계 이전의 작

전을 어떻게 수행할 것인가?

여기에 파월 독트린에 의해 뒷받침되었던 압도적인 무력 사용, 국가기반시설 타격, 전쟁 상대국 내에 있는 많은 외국인 등은 재건활동을 어렵게 하는 여러 문제를 유발한다.

## ◆ 압도적인 무력 사용

군사활동의 가장 보편적 진리는 적을 격파하기 위해 압도적 군사력을 사용해야 한다는 것이다. 공격작전을 계획할 때 일반적으로 적용되는 지침은 병력면에서 전투작전 시에는 3:1의 우위, 도시화된 지형에서는 더 많은 수적 우위를 가져야 한다는 것이다. 『손자병법』에서는 공격을 위해서 아군 전투력이 적의 5배가 되어야 한다고 요구한다. 그러나 미군은 거의 항상 그 비율보다 낮은 병력을 가지고 공격해왔다. 미국은 성능이 월등한 공중타격자산과 기갑전력 등을 이용하여 수적 열세를 만회해왔다.

이런 접근은 최근 전쟁사에서 대단히 성공적이었다. 심지어 1991년 이라크 전쟁에서 연합군은 이라크군에 비해 가까스로 수적 우위를 이루었음에도 불구하고, 5주간의 공군 작전과 100시간의 지상군 공격을 통해 방어진지에 의지하던 이라크군을 쉽게 물리쳤다. 2003년 26만 3,000명의 영·미 연합군은 약 37만 5,000명의 이라크군을 공격하여 물리치고, 6주 만에 바그다드를 탈취했다. 기술과 파괴력을 앞세운 압도적인 군사력 사용이 연합군으로 하여금 수적 열세에도 불구하고 이 같은 작전적 기동을 가능하게 했다.

없이 곳곳에 분산된 4단계 작전활동에 협조하는 것은 제대로 기능을 발휘하는 통신체계가 있을 때보다 훨씬 어렵다. 파괴된 기반체계 재건은 다른 곳에 유용하게 쓰여야 할 자금을 블랙홀처럼 빨아들이고, 전후 재건작전에 미군의 참여를 연장하게 된다.

### ◆ 분쟁지역 내 외국 전투원들

전투지역 내에 들어와 아군에 대항하여 싸우는 외국군과 지원인원들에 대해 군사계획 수립가들이나 정책입안자들은 좀 더 많은 관심을 가져야 한다. 지금까지 우리는 전투부대들이 현재 대적하고 있는 국가의 군인 또는 국민들하고만 싸울 것이라고 생각해왔다. 그러나 적대국의 국민과 군대가 단일 국적이리라고 판단하는 것은 상당히 위험하다. 적대국 내에는 많은 수의 외국인이 존재하고 있다. 상대국의 연합전력의 일부일 수도 있고 용병들이나 관찰자Observer일 수도 있다. 이미 우리는 6·25전쟁을 통해 외국군의 개입이 전략적 선택과 결정에서 많은 제약을 초래한다는 사실을 경험했다.

국제분쟁이 발발하면 많은 수의 외국인이 전쟁에 개입한다. 금전적 보상을 목적으로 모여든 용병이든, 살상을 목적으로 전장을 찾는 전쟁광이든 간에 전쟁이 일어났을 때 다수의 외국인이 전투에 참여한다. 이런 경향은 지난 30년 동안 중동지역에서 발생한 다양한 분쟁에서 더욱 분명하고 보편적이었다. 1980년 구소련이 아프가니스탄을 침공했을 때, 상당히 많은 외국 용병이 무자헤딘mujahidun으로 흘러들어갔다. 1983년 레바논 내전이 발발했을 때도 많은 수의 용병이 어느 한쪽을 지원하여 레바논으로 흘러들어가기도 했다. 이와 동일한 문제가 이라크에서도 명백했다. 아프가니스탄, 이집트, 이란, 이라크, 요르단, 파키스탄, 사우디아라비아, 시리아 등지의 다양한 집단으로부터 온 외국인들이 이 세 분쟁지역(아프가니스탄, 레바논, 이라크)으로 들어갔다. 이런 경향은 중동에만 한정되지 않는다. 동아프리카에서 벌어진 각종 내전과 국가 간 분쟁에서 콩고민주공화국, 르완다, 우간다로부터 온 전사들이 각 나라의 국경을 넘어 작전을 수행했다.

사설 군사집단 또한 점점 증가 추세에 있다. 160개 이상의 나라가 국가안전을 위해 일정 형태의 사설 군사집단과 계약을 맺고 있다. 이들 집단은 세계 도처에 기지나 본부를 두고 있으며, 여러 국가에서 동시에 작전을 수행한다. 세계적으로 사설 군사집단의 이용이 증가하면서, 전시에 미국 혹은 다른 개입군이 제3국가의 국민들을 만나게 될 가능성을 높인다.

그 배경이 어떻든 간에 비롯한 외국인 전투원들은 3단계와 4단계 작전 동안 모든 군隊에게 새로운 위협이 되었다. 외국인 전투원들은 공식적인 군 지휘계통에서 분리되어 작전을 수행하기 때문에, 정전이나 평화협정을 체결하더라도 폭력행위를 멈추게 하는 것이 훨씬 더 어렵다. 잠정적으로는 불가능하다. 그들은 정전협정의 조건에 묶이기보다는 오히려 자신들의 이념적 성향 혹은 계약상 의무에 따라 싸움을 계속할 수도 있다.

또한 전투지대 내 외국인의 존재는 그들이 활동적인 전투원이든 아니든 간에 국제적 긴장과 사건을 야기할 수 있다. 세르비아에 대한 공중타격 시 베오그라드 소재 중국대사관에 대한 미군의 오인폭격은 미국과 중국 사이에 상당한 외교적 긴장을 불러일으켰다. 아군에 대항하여 무기를 든 외국인의 포획 또는 사살은, 그들의 원 소속국가와 외교적 위기를 야기할 수도 있다.

# 전투수행방법

● 　　　　군은 4단계 작전, 즉 안정화작전에서도 중요한 수행자로서 재건노력이 시작되자마자 곧 투입된다. 얼마 전까지 전투지대였던 지역을 재건 및 보수하는데 있어서 재건 속도가 매우 중요한데, 특히 4단계 작전 초기 60~90일 이내에 가시적이고 만족할 만한 활동이 있어야 한다. 이를 위해 민간조직은 대단히 유용하지만 이 중요한 기간 내 도움을 줄 정도까지 시기적절하게 준비되지 않을 수 있다. 그래서 군은 4단계 작전의 성공 가능성을 증가시키기 위해 리더 조직으로서 준비가 되어 있어야 한다. 따라서 3단계 작전뿐만이 아니라 4단계 작전을 포함하여 전투수행방법을 구상해야 한다.

### ◆ 수치심과 복수심 최소화

장래의 군사계획가들은 전쟁을 조기 종결하기 위한 압도적인 군사력 사용의 필요성과 비록 적이라 할지라도 최소한의 체면을 유지하

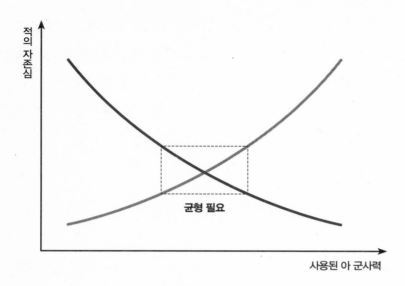

**적의 수치심과 복수심의 관계**

게 할 필요 사이에서 균형점을 찾는 것을 우선시해야 한다.

적이 굴욕감을 가질 정도로 압도적으로 패했다면, 적은 실추된 명예와 자존심을 되찾기 위해서라도 테러, 반란, 게릴라전을 택할 가능성이 높다. 적이 어느 정도의 존엄과 명예를 남겨놓은 채 패할 수 있다면, 앞에서 언급했던 방식은 줄어들 것이다.

전술적·작전적·전략적 계획 수립 시에 이런 고려사항을 적용하는 것은 쉬운 과업이 아니다. 부대의 방호와 생존성 보장은 지휘관들에게 중요한 고려사항 중 하나이기에 적의 최소한 명예를 지켜주기 위해 군사작전의 범위를 제한한다는 것은 어쩌면 가장 어려운 일일지도 모른다. 그럼에도 이는 전후 안정화작전의 성공 가능성을 증가시키기 위해 역점을 두고 다루어야 할 사항이다.

무한전쟁은 전투를 수행하는 전투원에서 분쟁에 연루된 민간인에 이르기까지 관계된 모든 이에게 더 많은 희생을 초래한다. 민간인이든 군인이든 전투나 재건작전 시 고의 또는 사고에 의해 사상자가 발생하면, 주변의 사람들은 더 쉽게 반정부활동을 지원하게 된다. 향후 분쟁에서는 이른바 '부수적 피해Collateral Damage'가 발생하지 않게 하는 정책을 우선시해야 한다.

'인간보호Human Protection', 즉 외국 민간인과 적군 등의 생명과 신체를 보호하려는 정책은 전투지대 내 모든 사람에 대한 위험 감소와 부대방호를 동일시하려는 태도에 기초한다. 또한 전후에 아군에 대항하여 무기를 드는 동기를 줄이고 제거해야 한다.

미군이 이러한 관점을 진전시키기 위해 선택한 방식은 비살상무기를 개발·적용하는 것이다. 대형 확성기와 집중 마이크로파는 사상자를 줄이고 사람들에게 영구적인 피해를 주지 않으면서도 적을 제압할 수 있다. 이러한 무기체계들은 이라크와 그 밖의 지역에서 대단히 희망적이었다. 전후 재건기간에 이런 무기체계를 광범위하게 제공하고 적극적으로 사용해야만 한다. 정책수립가들은 이 무기체계를 3단계 작전에서도 사용하도록 계획해야 한다.

#### ◆ 기반시설의 타격·재건·확충

3·4단계 작전 동안 국가기반시설 공격에 대한 접근방식을 변경해야 한다. 미래전역에서는 비록 적국이라도, 세르비아나 코소보에서

시행했던 것 같이 전후에 극도의 굴욕감 가운데 남게 해서는 안 된다. 이러한 방식을 지속하게 된다면 전후 안정화작전을 연장시키고, 재건의 경제적 비용을 극단적으로 증가시키며, 재건작전을 위해 더 오랫동안 군의 개입을 필요로 하게 만들 것이다. 다시 말하자면 해병대원들이 전화국 건물을 재건하기 위해 벽돌을 쌓고 거리의 배수로를 정비하는 일에 오래도록 묶여 있어야 한다는 말이다.

이런 문제의 해법 중 하나인 '효과기반타격Effect-based Targeting'은 그 중요성이 증가하고 있다. 이는 정밀화력을 사용하여 불필요한 대량 파괴를 피하면서 전쟁목표를 조기에 달성하고자 하는 개념이다. 군사계획가들은 최소한의 피해로 최대효과를 달성할 수 있는 허브Hub를 식별하기 위해 노력해야 한다. 또한 효과기반타격만으로 충분하지 않으므로, 전후의 성공 가능성을 증가시키기기 위해 4단계 작전 동안 표준화된 정책지시들을 마련해야 한다.

피해를 입거나 파괴된 모든 기반시설은 주 전투작전 종료 60일 이내에 전쟁 이전 상태로 복구해야만 한다. 기반시설이 짧은 기간 동안에 보수될 수 있다면 시민들의 불편함을 최소화하고 국가의 경제적·사회적 조직은 속히 활동을 재개할 것이며, 사회적 혼란을 최소화할 수 있을 것이다.

군사작전에 의해 발생한 피해를 재건하는 것도 중요하지만, 장기적인 국민건강과 복지를 향상시키는 일도 중요하다. 전쟁 전 계획수립과 준비단계에 군과 민간 계획가들은 군사개입 대상국가가 전쟁 전 또는 개입 전에 가지고 있던 능력을 넘어서, 그 국가의 기반시설을 개선시켜야 하는 적정 수준을 결정해야 한다.

기반시설은 국가의 운영과 기능 유지에 중요하다. 기반시설의 향상이 있어야만 전후 재건노력이 성과를 거두고, 민간정권에 의한 안정적인 사회를 만들어갈 수 있다. 전쟁이 시작되기 전에 군과 민간 계획가들은 성공적인 전후 작전을 보장하기 위해 국가기반시설을 체계적으로 조사하고 계획을 수립해야 한다.

### ◆ 전투지대 내 외국 전투원들의 격리 및 최소화

현대전에서 적국 내 외국인 사망자가 전혀 발생하지 않게 하는 것은 불가능하다. 그러나 적절한 군사계획 수립을 통해 미군이 이라크와 아프가니스탄에서 겪었던 재건작전의 어려움만큼 악화되지 않도록 보장할 수는 있을 것이다. 장래 어떠한 개입 시 외국 전투원들의 영향을 줄이기 위해 피침공국가의 국경선을 봉쇄하는 것이다. 국경을 봉쇄함으로써 외국 전투원들의 위협을 견제할 수 있다. 전투공간에 여전히 외국 전투원이 존재하겠지만 국경을 봉쇄하면 그 수를 줄일 수 있고, 전후 재건 문제가 악화하는 것을 막을 수 있을 것이다.

# 되새김

● 　　　　　직접적인 군사작전에 있어서 많은 도전을 받고 있지만 현재까지 미군은 세계 최고수준의 군사력을 보유하고 있다. 그러

나 아프가니스탄과 이라크에서 4단계 재건작전을 방해하던 문제들은 이 성공기록을 무색하게 한다. 단순히 전투수행방법만을 개선하기 위해 힘쓰는 것은 전후 재건문제를 악화시킬 수 있다. 군은 사상자, 국가 기반체계의 파괴, 전투지대 내 외국 전투원의 수를 줄이고 그 영향을 최소화하기 위해 앞장서 노력해야 할 것이다. 향후 이런 노력이 성공한다면, 전후 재건활동의 장기적 성공 가능성을 높이게 될 것이다.

● 3장의 내용은 다음 문헌을 중심으로 한반도 안보현실에 부합하도록 첨삭한 글이다. Christopher E. Housenick, 하성우 역, "전투엔 이기고 전쟁에 패하다", 『군사평론』 397호 (2009년 2월): pp.286-299. Originally published as a "Winning Battles but Losing Wars: Three Ways Successes in Combat Promote Failures in Peace" in *Military Review*, Vol. 88, No. 5 (September/October 2008).

# 04

# 문제해결
## 프레임워크를 넘어 패러다임이다

. . .

잘 준비된 프레임워크는 문제해결을 돕지만 이를 따르는 것만으로 문제가 해결되
지는 않는다. 문제의 성격을 규정하고 문제해결의 패러다임을 결정해야 한다. 패
러다임의 결정은 매우 창의적이고 추상적인 접근이며, 학습을 통해 역량을 길러
야 한다.

# 프레임워크 준비

●           사람들은 일상에서부터 직업에 이르기까지 해결해야 할 문제들을 매순간 마주하고 산다. 아이들의 진학에 관한 아내와의 갈등, 매출액 감소로 인한 대책 마련, 우리가 속한 지역사회의 현안이나 국가의 정책 구상 등에 이르기까지 크고 작은 문제를 안고 살아간다.

2000년대 초 내비게이션이 우리 삶에 등장하면서 우리가 빈번하게 마주치던 문제 하나를 해결해주었다. 그것은 바로 교통지도를 펼쳐든 아내와 운전대를 잡은 남편 사이에 있었을 옥신각신을 사라지게 한 것이다. 이 당시에 필자는 목적지에 이르는 길을 찾아주는 내비게이션이 우리 인생행로에도 있다면 얼마나 좋을까 하고 생각했다. 최단거리, 고속주행, 추천 경로 등 목적에 이르는 각기 다른 속성의 경로를 구미에 맞게 제시해주듯이, 삶의 각종 문제에 대해 고위험이 따르지만 최단거리로 목표에 이를 수 있는 방법, 위험은 적고 다소 돌아가지만 순탄하게 멈춤 없이 고속주행이 가능한 방법, 선행

경험자들이 추천하는 경로 등 삶의 문제에 대해서도 이러한 내비게이션을 만들어 봐야겠다는 생각해본 적이 있다.

삶의 내비게이션을 만들려면 가장 먼저 삶의 다양한 문제에 대해 선택 가능한 방법과 그 결과에 관한 빅데이터를 분석하는 노력이 필요할 것이다. 수많은 문제와 그 문제에 대한 무수히 많은 해결방법에 따른 각각의 비용과 효과를 고려하여 결과를 산출하는 일은 어쩌면 영원한 신의 영역일 것이다.

문제의 해결방법 자체를 구하는 것은 어렵지만 문제해결을 위해 도구를 제시하는 것은 어느 정도 가능해 보인다. 문제해결에 있어서 현재까지 제시된 가장 합리적인 도구는 프레임워크Framework일 것이다. 물론 이러한 프레임워크 역시 문제의 성격에 따라 다양하게 존재한다.

요시자와 준토쿠吉澤準特는 컨설팅 업무 경험을 바탕으로 비즈니스 상황에서 적용 가능한 프레임워크를 정리하여 쓴 『생각정리 프레임워크 50』에서 '왜 프레임워크를 사용하는 것일까'라는 질문에 다음과 같이 답하고 있다.

---

사람은 일상생활에서 여러 가지를 학습한다. 그리고 한 번이라도 경험해본 것은 '전에 한 적이 있어'라는 기억을 더듬으면서 전보다 효율적으로 처리할 수 있게 된다. 예를 들어 처음 스타벅스에 갔을 때를 생각해보자. 혹시 메뉴를 어떻게 주문해야 하는지 몰라 쩔쩔매지는 않았는가?

'톨하고 그란데는 크기가 얼마나 다른 걸까?', '음료수는 안 시키고 쿠키만 시켜도 될까?', '저지방 우유를 선택할 수는 없는 건가?'

그러나 두 번째 방문부터는 예전의 경험을 살려서 전보다 자연스럽게 행동할 수 있었을 것이다. 그러면서 잠시 생각해 보자. 왜 처음 갔을 때보다 두 번째로 갔을 때 더 자연스럽게 행동할 수 있게 될까? 너무 당연한 이야기라 오히려 대답하기 어려울지도 모르지만, 잘 생각해 보면 '이럴 때는 이렇게 하면 된다.'라는 자기 나름의 FAQ(문답)가 만들어져 그것을 바탕으로 행동하기 때문이라고 할 수 있을 것이다.

요컨대 세상은 프레임워크로 가득하다. 여러분이 아침에 일어나 집을 나오기까지 일련의 흐름도 일상의 경험을 바탕으로 효율화된 프레임워크다. 이렇게 생각하면 프레임워크를 사용하는 목적은 '일상의 행동을 효율화하기 위한 규칙'이라고 할 수 있다.●

---

『생각정리 프레임워크 50』에서는 가장 기본이 되는 프레임워크에서부터 문제 발견을 위한 프레임워크, 과제 분석을 위한 프레임워크, 평가 · 해결을 위한 프레임워크에 이르기까지 상황에 맞춰 활용할 수 있는 50개의 프레임워크를 제시하고 있다. 108~109쪽의 내용은 이 책의 프레임워크⑩에서 제시한 SWOT분석을 예로 든 것이다.●●

---

● 요시자와 준토쿠, 김정환 역, 『생각정리 프레임워크 50』(서울: 스펙트럼북스, 2012), pp.18~19.
●● 『생각정리 프레임워크 50』, pp.88~89.

## SWOT 분석이란?

강점(Strength), 약점(Weakness), 기회(Opportunity), 위협 (Threat)의 머리글자로 기업 자체의 힘(내부요인), 그 기업을 둘러 싼 환경을 정리하는 프레임워크다. 1920년대에 하버드 경영대학 원에서 개발되었다.

## 이럴 때 사용한다

- 자신의 조직이 놓인 경영상황을 분석한다.
- 향후 사업방침을 결정한다.

## 사용상의 주의점

먼저 자기 조직의 포지션이나 방침을 정리하고 일정 목표를 정한 다음에 SWOT 분석을 실시하는 것이 바람직하다. 위치에 따라 관 점이 다르므로 좋고 나쁨을 판단하는 방침이 없는 상태에서 정리 를 할 수는 없다.

# SWOT 분석을 발전시킨 크로스 SWOT 분석

| | 좋은 환경 | 나쁜 환경 |
|---|---|---|
| 내부 환경 | **강점**<br>Strength | **약점**<br>Weakness |
| 외부 환경 | **기회**<br>Opportunity | **위협**<br>Threat |

## 인쇄회사 X의 크로스 SWOT의 예

| | **기회**<br>Opportunity<br>소형로트 주문,<br>납기 단축 | **위협**<br>Threat<br>동업 타사의 대자본화,<br>아이패드의 보급,<br>클라이언트의<br>가격인하 요구 |
|---|---|---|
| **강점**<br>Strength<br><br>·기술력이 있다.<br>·전국에 판로가<br>있다.<br>·특수인쇄에 강<br>하다. | **적극적 공세**<br>• 주문형(On Demand) 인쇄<br>• 소형 인쇄물에 특화 | **차별화 전략**<br>• 특수인쇄용 애플리케이션을<br>개발한 A사와 제휴해 개인용<br>특수인쇄를 데이터로 수주하<br>고 각 사업소에서 발송 |
| **약점**<br>Weakness<br><br>· 인재의 고령화<br>· 자본이 적다. | **단계적 시책**<br>• A사와 제휴<br>• 제본 부분의 아웃소싱 | **소극적 방어 철수**<br>• 가격인하에는 응하지 않는다.<br>• 주식 상장<br>• 전자서적과 관련된 신규 비<br>즈니스에는 진출하지 않는다 |

비즈니스 환경이나 군사작전 환경에서 나의 강점과 약점, 환경이 가져다주는 기회와 위협을 분석하고 이에 대한 접근전략을 세우는 데 매우 유용한 프레임워크임에 틀림없다. 이런 틀을 미리 준비해서 문제가 되는 상황에 처했을 때 이용한다면 해법에 빨리 접근하게 될 것이다.

더불어 상황에 맞는 프레임의 선택과 적용과정의 융통성에 대해 다음과 같은 경고에도 유의해야 한다.

---

프레임워크는 과거부터 축적되어 온 노하우를 알기 쉽게 규칙으로 정리한 편리한 도구이다. 사실 우리가 하는 생각은 대부분 다른 사람도 똑같이 하기 마련이다. 여러분에게 필요한 프레임워크의 기본적인 부분은 선인이 만든 프레임워크에 담겨있다. 그러므로 백지 상태에서 생각을 시작하기보다는 프레임워크를 사용해 생각하는 편이 빠르고 질적으로 안정된 아웃풋을 기대할 수 있다.

다만 한 가지 기준을 맹신하면 잘못된 결정을 내릴 우려가 있다. 선인이 남긴 프레임워크는 우수 사례이지 최선의 사례는 아니다. 여러분에게 필요한 80%는 충족시킬지 모르지만 100%는 아니며, 부족한 20%의 평가 관점 속에 중요한 것이 들어 있을 가능성은 얼마든지 있다. 그렇다면 어떻게 해야 이 고민을 해결할 수 있을까? 가장 효과적인 방법은 필요에 따라 독자적인 프레임워크를 새로 만드는 것이다. 자신이 원하는 결과를 미리 머릿속에 그릴 수 있다면 답을 이끌어 내기 위한 평

가 축을 정하고 그것을 사용해 자신만의 프레임워크를 만들자.●

상황에 맞는 프레임워크의 선택은 문제를 해결해야 할 주체의 몫이다. 온전히 가져다 쓸 수 있는 프레임워크가 없다면, 상황에 꼭 맞는 프레임워크를 독자적으로 다시 짜야 한다. 수행중인 직무와 관련하여 다양한 프레임워크를 사전에 준비하고 구상해둔다면 시간과 노력을 절약할 수 있을 것이다.

『손자병법』구변편九變篇에는 지형에 관해 기술하면서 불변의 절대적 원칙과 가변의 상대적 원칙을 말하는 부분이 있다.

① 소택지에서는 숙영하지 말며(圮地無舍), ② 사통팔달한 요충지에서는 외교관계에 힘쓰며(衢地合交), ③ 메마른 곳에서는 머물지 말며(絶地無留), ④ 뺑 둘러싸인 곳에서는 즉각 계책을 세우며(圍地則謀), ⑤ 사지에서는 즉시 결전한다(死地則戰). ⑥ 가서는 안 되는 길이 있고(塗有所不由), ⑦ 쳐서는 안 되는 군이 있으며(軍有所不擊), ⑧ 공격해서는 안 되는 성이 있고(城有所不攻), ⑨ 쟁탈하면 안 되는 땅이 있으며(地有所不爭), ⑩ 임금의 명령이라도 수행하면 안 될 때가 있다(君命有所不受).

● 『생각정리 프레임워크 50』, pp.226~227.

①~⑤번 항목은 대체로 항상 따라야 할 준수사항들이다. ⑥~⑩번 항목은 상황을 판단해가며 의사결정을 해야 할 사항들이다. 즉 목적, 피아상황, 이해 등을 고려하여 선택해야 할 것이다. 어떤 원칙이나 프레임워크도 적용할 때는 상황에 대한 분별력을 가지고 융통성 있게 적용해야 한다.

## 군사적 프레임워크

●       일상의 문제를 넘어 직업상의 문제나 사회문제를 해결할 때는 더 많은 고민과 갈등이 뒤따른다. 하물며 국가의 대사요 생사와 존망을 다루는 전쟁에 있어서야 오죽하겠는가? 전쟁도 그 목적에 따라 전략적·작전적·전술적 수준으로 구분하고, 각 수준별로 계획을 수립하는 프레임워크가 있다. 전략적 차원에서는 합동전략기획과정Joint Strategic Planning Process, 작전적 차원에서는 합동작전기획과정JOPP: Joint Operation Planning Process, 전술적 차원에서는 작전수행과정Operational Process이다. 그중에서도 전략지침에 기초하여 군사력 운용으로 전쟁의 종결조건을 구현해야 하는 작전적 차원의 문제해결이 가장 어려운 과정이다.

오늘날 전장에서 전략지침을 구현하기 위한 합동작전은 과거에 비해 더욱 복잡해졌다. 적의 위협에 대해 나의 의지를 관철시키기 위해 다양한 전투력을 통합해야 한다는 점에서 그러하다. 이런 복

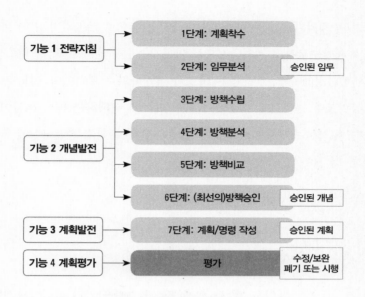

**미군의 합동작전기획과정(JOPP)**

잡한 통합과정을 구조화·체계화하려는 노력이 바로 프레임워크를 만들어냈다. 군사적 프레임워크는 통상 두 가지로 존재한다. 하나는 절차(과정)에 관한 것이고, 두 번째는 사고의 틀(도구)이다. 작전적 수준에서는 이것이 합동작전기획과정(JOPP)과 작전구상요소 Operational Design Elements 로 존재한다.

합동작전기획과정은 전략지침을 통해 임무를 분석하고, 가능한 방책을 수립·분석·비교하여 최선의 방책을 선정하고, 계획 또는 명령을 생산하기 위한 일련의 논리적 단계로서 정연하고 분석적인 기획과정이다.* 미 합동작전기획과정은 위 그림과 같이 전략지침, 개념발전, 계획발전, 계획평가 등 네 가지 기능으로 구성되며, 이는 다시 계획착수로부터 계획발전으로 이어지는 7개 단계로 구성된다.

세부과정의 논리적 흐름은 비교적 명쾌하고 체계적이다. 여느 프레임워크나 논리적 흐름은 유사하기 때문에 이해하는 데는 제한이 없다. 여기서는 세부절차에 대한 설명은 논외로 하고 작전구상에 관해 좀 더 깊이 있게 살펴보자.


# 작전구상

● 　　　독일은 제2차 세계대전 후 전범국가의 이미지를 벗고 주변 유럽국가와 화합하며 새로운 도약을 꾀하는 과정에서 철저히 제3제국과 단절했다. 전쟁 발발과 확전의 책임을 거의 전적으로 '죽고 없는 히틀러'에게 전가했다.

하지만 이와는 달리 국방군 최고사령부와 육군 최고사령부의 반목, 군령 보좌와 군사조언 등에 관한 최고사령부의 역할 부재가 전쟁의 발발과 지나친 확전을 초래했다는 비판의 소리도 많았다. 만슈타인, 룬트슈테트, 구데리안, 롬멜 등 많은 명장들이 전술·작전적 차원에서 훌륭한 성과를 달성한 것은 사실이다. 그러나 보다 현실적인

---

● United States Joint Chiefs of Staff, *Joint Publication(JP) 5-0, Joint Operation Planning* (11 August 2011), p.IV-1.

계획을 수립할 수 있도록 목적과 수단 사이에서 균형 잡힌 의사결정에 영향력을 미칠 수 있는 인물은 부족했다.

전략적 문제에 대해 여러 가지 작전적인 해결책, 즉 군사력 운용에 관한 방법만을 들고 이리저리 궁리하던 것이 제2차 세계대전 시 독일군의 한계였다. 달리 말하면 문제의 해결방법에만 집착하고, 문제가 무엇이며 그 문제해결의 패러다임에는 어떤 것이 있는지에 대해서는 적극적으로 관여하지 않았다. '작전구상'에 관한 고찰이 부족했다고 할 수 있다.

합동작전기획과정은 합동작전의 기획과 시행을 위한 사령관과 참모부의 유기적인 활동의 틀을 제시하는 것이며, 작전구상은 합동작전기획 및 시행의 전 과정을 통해 작전수행방법을 생각해내는 지속적이고 반복적인 사고과정이다. 추상적일 수 있는 사고의 과정인 작전구상을 돕기 위해 개념적 도구(프레임워크)인 '작전구상요소'를 적용한다. 미군에서 적용하는 작전구상요소는 종결조건으로부터 부대와 기능에 이르는 총 13개 요소를 포함하고 있다.●

### 작전구상요소

| | | |
|---|---|---|
| • 종결조건 | • 결정적 지점 | • 작전한계점 |
| • 군사적 최종상태 | • 작전선, 노력선 | • 작전의 배열 |
| • 목표 | • 직접·간접 접근 | • 부대와 기능 |
| • 효과 | • 예측 | |
| • 중심 | • 작전적 도달거리 | |

---

● United States Joint Chiefs of Staff, *Joint Publication(JP) 5-0, Joint Operation Planning* (11 August 2011), p.III-18.

각 요소별 구체적인 의미는 미 JP(합동교범) 5-0에서 자세히 언급하고 있어 여기서는 설명을 생략한다.

작전구상요소를 합동작전기획과정에서 어떻게 적용할 것인가에 대해서는 다음과 같이 제시하고 있다. 일부 요소(목표, 중심, 작전선, 작전배열, 부대와 기능 등)는 작전명령 혹은 계획에서 가시적으로 기술 또는 도시할 수 있다. 일부 요소(직·간접 접근, 예측, 작전적 도달거리, 작전한계점)는 사고과정 속에서 요소로 활용하고 계획(서식, 도식)으로는 나타나지는 않는다. 필자가 2009년 미 합동참모대학 수학 중에 관찰한 바에 의하면 2006년판 미 합동교범 5-0에 제시된 작전구상요소 중에는 실제 적용이 곤란했던 '중심 및 동시성, 타이밍과 템포, 균형, 참여, 상승효과, 비교우위leverage' 같은 개념적 요소가 포함되어 있었다. 하지만 2011년판에서는 이러한 요소들은 모두 삭제되어 지휘관과 참모의 사고과정을 돕는 개념적 도구인 작전구상요소를 물리적 활동인 합동작전기획과정에 접목하는 것이 한결 수월해졌다.

### ◆ 작전구상을 둘러싼 미군 내 논쟁

미군은 당면한 안보위협을 해결할 수 있는 실질적인 해법을 찾기 위해 합동작전기획의 실태를 분석하고 작전구상에 대한 재접근을 해법의 하나로 간주하고 있다. 이런 흐름은 합동교리 발전에 책임이 있는 미 합동전력사령관이 합동군사령관들에게 하달한 '작전구상의 적용에 대한 비전'을 보면 보다 명쾌하게 이해할 수 있다.

여기서는 우선 프레임워크의 기계적인 적용을 경계하고 있다. 작전구상과 합동작전기획과정 같이 기설정된 프레임이 중요한 문제해결방법을 제공하지만, 참모들은 종종 계획수립의 각 과정을 따라가기만 하면 해법을 찾을 수 있는 것처럼 이러한 절차를 기계적으로 적용하려고 한다. 과도하게 절차를 중시하는 태도는 비판적이고 창의적인 사고를 저해한다. 나아가 '작전술'과 '작전구상'이 지휘관과 참모의 창의적인 문제해결방법을 제시하기에는 여전히 부족하다고 지적하고 있다. 작전술과 작전구상은 1993년 미 합동교범 3-0에 처음 도입된 이후 지속적으로 발전해왔지만, 지휘관들이 요망상태를 가시화하거나 복잡한 작전적 문제를 해결하는데 도움을 줄 수 있는 '명쾌한 작전구상과정'을 제시하기에는 아직도 부족하다.

이런 현실을 개선하기 위해 미 합동전력사령관이 제시한 두 가지 비전, 즉 작전구상과정에서 지휘관의 역할과 작전구상의 개념 발전이 향후 교리 발전을 위한 적절한 방향을 제시할 것으로 보인다. 이들 비전을 기초로 작전구상의 발전방향을 살펴보면 먼저 구상과정에서는 지휘관의 주도적인 역할이 무엇보다 중요하다. 절차에 순응하거나 참모들이 만들어내는 산물을 기다려 조언하기보다 자신의 경험과 지식, 판단에 기초하여 참모들의 구상과정을 이끌 수 있어야 한다. 즉, 지휘관은 구상과정에서 주도적이어야 한다. 그러기 위해서 지휘관은 참모들보다 월등히 많은 경험을 기초로 지속적으로 학습해야만 한다. 또한 상·하급지휘관 간 적극적인 의사소통은 문제에 대한 올바른 접근을 가능하게 할 것이다.

문제에 대한 잘못된 가정에서 도출한 잘못된 해법을 가지고 논의를 시작한다면, 시간과 노력의 낭비는 이루 다 말할 수 없다. 작전구상의 개념을 발전시킴에 있어서 무엇보다 중요한 것은 문제에 대한 이해, 작전환경에 대한 이해, 문제해결을 위한 접근방법 구상, 변화하는 환경 속에서 문제의 재구성 등이다. 단순히 작전구상요소만을 적용하여 문제해결방법을 구하려는 태도를 경계하면서, 문제를 제대로 인식해서 '올바른 문제'에 대한 해답을 추구해야 한다. 작전구상에 관해 현재까지 진행된 연구결과는 미 합동참모대학에서 제반 교리문헌 중 발전적인 내용들을 발췌·정리하여 매년 발간하는 『합동참모장교 안내서The Joint Staff Officer's Guide '14-'15』에 잘 제시되어 있다. 계획수립과 작전구상은 공히 원하는 결과를 가져다줄 방법을 찾지만, 인지적인 측면에서 차이가 난다. 계획수립은 인정된 틀 내에서 개괄적으로 인식된 문제를 해결하기 위해 기존 절차를 적용한다. 구상은 문제해결방법을 착안하기 위해 먼저 문제의 본질을 살핀다.

119쪽 그림에서처럼 계획수립은 문제해결인 반면, 구상은 문제를 규정하는 것이다. 계획수립이 계획(일련의 시행 가능한 행동) 작성에 중점을 둔다면, 구상은 익숙하지 않은 문제의 본질을 이해하는데 중점을 둔다. 구상 과정은 개념적으로 진단, 대화, 구상, 이해, 재구상 등의 다섯 가지 세부과정을 통한 논리적인 진행을 따른다. 객관적 작전환경요소들에 대한 최초 진단은 지휘관 주도의 대화를 통해 위협에 대한 구상된 개념적 접근인 목표를 인식하게 한다. 이해는 실

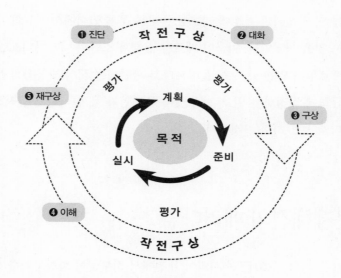

| 구상 | 계획수립 |
|---|---|
| 문제인식/규정 | • 문제해결 |
| 개념적-백지로부터 출발 | • 구체적이고 실질적 |
| 가정과 방법에 대해 사고 | • 활동(사고 및 행동 포함) 절차 |
| 상황에 대한 이해 증진 | • 구체적 산물 작성 |
| 문제해결 패러다임 결정 | • 패러다임의 적용 |
| 계획수립, 준비, 실시, 평가보완 | • 규정된 양식과 형식 적용 |
| 지휘관 주도의 대화, 토의과정 | • 참모 중심의 절차 |

**구상과 계획수립**

**합동작전주기**

시과정에서 이루어지며, 합동작전주기의 반복을 요구하는 재구상으로 이끈다.

불확실한 현대 전장의 익숙하지 않은 문제의 본질을 먼저 이해하고 그에 대한 해법을 구하기 위해 우선은 작전구상이 중요하다. 작전구상이 합동작전기획과정에서 어떻게 물리적으로 접목되는가는 향후 합동작전기획과정 교리 발전의 핵심이자 지난한 과제이다. 작전구상요소와 작전구상의 관계, 작전구상과 합동작전기획과정의 관계 등 이론적 접근을 넘어서 조직의 활동으로 통합할 수 있는 교리를 어떻게 정립하느냐가 관건이다. 이런 움직임의 근원은 현재 미군이 직면한 어려움을 해결하고자 하는 고민의 산물이다. 미군은 아프가니스탄에서 탈리반과의 전쟁을 종결하기 위한 방법을 찾기 위해서는 먼저 올바른 가정에 기초한 올바른 문제 인식에서 출발해야 한다는 것을 깨달았다. 미군이 베트남 전쟁과 소련의 아프가니스탄 전쟁으로부터 얻은 교훈은 '올바르다고 판단되는 군사력 운용방법'을 성급하게 결정하는 일보다 '무엇이 문제인가'를 인식하고 규정하는 것이 더 중요하다는 것이다.


# 문제해결의 패러다임

● 2013년 시리아 내전에서 정부군이 화학무기를 사용하여 약 1,300명이 사망했다. 이 문제해결을 위해 미국은 지중해와

페르시아 만에 항공모함을 전개하는 등 군사공격 위협을 가했다. 하지만 시리아와 유대가 강한 러시아가 화학무기 자진반납이라는 카드를 제시하고 미국이 이에 동조함으로써 무력 사용의 단계까지 이르지 않게 되었다. 시리아 정부는 정부군이 보유한 화학무기를 완전 공개하고 2014년 상반기까지 모두 폐기하기로 합의했다. 사실 미국이 무력을 사용하기에는 의회 승인여부의 불투명성과 경제적 부담, 국제여론의 반전 움직임 등 부담스러운 부분이 적지 않았다. 러시아의 제안이 미국에게 숨통을 터준 격이다. 이렇듯 미군은 최초 계획과는 다른 모습으로 해법에 도달하게 되었다.

우리가 경험한 안보문제도 결코 단순하지 않다. 천안함 피침과 연평도 포격도발 같은 미증유의 실체적 도발이나 안보위협에 대한 우리의 해법은 무엇이었던가? 자위권 범위 내에서 대응하는 것 이외에 해법은 없는 것인가? 정치·경제·외교적 수단을 포함한 국가적 차원의 해법 가운데 군사적 수단의 역할은 무엇이며, 순수하게 군사적 수단에만 의지한 대응과 해법은 어떠해야 하는가?

군사적 수단의 직접 사용만을 전제로 프레임워크를 따라 군사작전계획을 수립하는 것으로는 올바른 해법에 도달할 수 없다. 절차와 요소 등 프레임워크의 영역에 대한 결정만 서두르지 말고, 문제를 규정하고 상황에 대한 이해를 통해 문제해결의 패러다임을 결정해야 한다.

합동작전계획 수립이 전략지침에서 부여된 군사적 최종상태를 달성하기 위한 군사력 운용계획만을 수립하거나, 이미 수립된 작전계획을 수정·적용하는 것에 한정되어서는 안 된다. 전략지침은 군사력 운용을 기획하는데 충분히 구체적이지 않을 수 있다. 또한 전시 작전통제권 전환 이후 합동참모본부가 군령 보좌를 위해 군사 분야에 대해 조언하고 군사전략을 세우는 동시에 군사력 운용을 기획해야 하는 입장에 있기에 작전구상은 더욱 중요하다.

한반도에서 위기가 증폭하는 상황을 가정했을 때, 북한 내부 불안정이거나 군사적 도발 가능성이라는 양분법만으로 문제를 해결하지 못할 수 있다. 각종 연습 및 훈련 시에는 다양한 정치·외교적 영향과 가용시간 내에서 한정된 상황을 감안해야 한다. 증폭되는 위기상황과 전쟁양상은 인간이 상상할 수 있는 한계를 고려하지 않는다. 또한 작전적 차원의 군사력 운용만이 가용 방책으로 제시될 경우에 국가 및 군사지휘기구의 전략적 선택의 폭은 매우 좁아진다.


### ◆ 인적자원 개발의 중요성

복잡한 상황에서 익숙하지 않은 문제를 규정하고, 문제해결의 패러다임을 결정하여 해결방법을 모색하기 위해서는 무엇보다 '사람'이 중요하다. 미군은 기획가에게 요구되는 능력을 '창의적이고 비판적인 사고'라고 규정하였는데, 창의적·비판적 사고에 대해 찰스 D. 앨런Charles D. Allen과 스티븐 J. 제라스Stephen J. Gerras 예비역 육군대령은 다음과 같이 설명하고 있다.

창의는 소설적인 생각을 만들어내는 능력이다. 전술, 작전술, 전략적 제대의 모든 개인, 그룹과 조직은 조직과 외부환경 사이의 상호작용을 이해하고 도전에 대한 새롭고 효율적인 접근방법을 제공하기 위해 창의적이어야 한다. (…) 창의는 상황해결에 효율적인 새로운 생각과 개념을 발전시킬 것을 요구한다. 비판적 사고는 판단을 향상시키고 보다 나은 결정을 하기 위해 정보를 평가하고 선택하는 과정에 관한 것이다. (…) 비판적 사고는 상급지휘관들이 거듭되는 진급과 포상 등으로 인해 자기확신에 가득 찬 나머지, 자기중심적 성향을 띠게 된다면 문제가 있다. (…) 사고의 다양성은 비판적 사고로 가는 장애물을 제거할 수 있다. •

미 육군대학원US Army War College의 '창의적이고 비판적인 사고' 수업의 학습목표를 참고로 제시하면 124쪽 표와 같다.

이는 미군이 지향하는 '창의적이고 비판적인 사고'의 교육방향을 이해하기에 유용하다. 더불어 교육과정에서 이러한 수업과정을 이끌어갈 능력 있고 경험을 갖춘 교관이 무엇보다 중요하다. 이러한 미 교육의 변화 노력은 다양한 채널을 통해 우리 군에 소개되어 부

---

• Charles D. Allen and Stephen J. Gerras, "Developing Creative and Critical Thinkers," *Military Review* (November–December 2009), p.78.

**미 육군대학원의 '창의적 · 비판적 사고' 수업목표**

| 창의적인 사고 | 비판적인 사고 |
|---|---|
| • 개인 및 그룹의 창의적인 문제해결 과정에 대한 폭넓은 이해를 제공한다.<br>• 모호함, 복잡함, 도전 등으로 특징짓는 환경에서 혁신적이고 창의적인 능력을 배가한다.<br>• 전략적 사고자에게 요구되는 수행능력을 이해시킨다. | • 전략적 지도자에게 요구되는 광범위한 비판적 사고 능력을 이해시킨다.<br>• 전략적 리더가 지닌 잘못된 선입관·가정·추론, 자기중심적 사고의 악영향을 이해하도록 숙고시킨다.<br>• 현재 사태 해결, 전략적 의사 결정, 도덕적 도전 같은 사례에 대한 비판적 사고 기술을 적용하게 한다. |

분적으로 적용되고 있는데, 접목방법에 대한 전체 조망은 다소 부족한 듯하다.

문제에 대한 올바른 규정을 통해 창의적이면서 올바른 방법을 생각해낼 수 있는 비판적 사고를 겸비한 인적자원을 양성해야 한다. 인적자원 양성은 많은 투자와 노력을 요구하고 단기간 내에 효과가 나타나지는 않지만, 작전계획이라는 산물을 만드는 것보다 더 중요할 수 있다.

인적자원을 양성함에 있어 기획과정을 이해하고 과정에 따른 산물을 만들어 내는 것 이상으로 비판적이고 창의적인 사고능력이 중요함을 인식하고, 학교교육과 각종 연습 및 훈련을 통해 안보환경이 요구하는 인적자원을 양성해야 한다.

# 되새김

●　　　안보위협은 복잡·다양해지고 있다. 한반도를 둘러싼 정치·외교적인 역학관계의 변화, 북한의 비대칭전력 확충, 비군사적인 위협(테러, 사이버 공격, 대규모 탈북 난민, 영토분쟁 등) 등 복잡함을 더하는 요인은 많다. 군은 복잡·다양한 위기상황이 발생했을 때에 문제해결방법을 구하기에 앞서서 무엇이 문제인지를 분석하고 규정할 수 있어야 한다.

군은 안보문제 해결을 위해 직접적인 군사력 운용뿐만 아니라 유관기관과 유기적인 협조하에 외교·정보·군사·경제DIME: Diplomacy·Information·Military·Economy 요소를 통합한 문제해결의 패러다임을 판단해야 한다. 즉 문제해결에 대한 합동작전기획과정의 적용을 넘어선 작전구상의 참의미에 부합한 기획 노력이 필요하다.

따라서 현재 미군이 진행하고 있는 미 합동작전기획의 교리 개정 노력을 주목해야 한다. 특히 중요성이 대두하는 '작전구상'에 대한 올바른 개념 인식과 '합동작전기획과정'에서 작전구상을 어떻게 접목할 것인가에 대한 미군의 연구결과를 주의 깊게 지켜볼 필요가 있다. 향후 미 합동작전기획과정과 작전구상의 교리 발전을 연구하면서 관련 교리 발전에 힘써야 하겠다.

더불어 이러한 과정을 수행할 창의적·비판적 사고를 겸비한 인적자원 개발을 위해 학교교육, 각종 연습 및 훈련에서 개인능력 배양에 부합한 목표를 설정하여 추진해야 할 것이다.

# 05

# 군사리더십
## 상황적 리더십이다

・・・

리더의 천재성과 잘 조직된 시스템은 상황에 부합한 리더십을 위한 상호보완적 관계이다. 시스템은 수준 편차가 심한 리더십을 보좌할 수 있으며, 천재적 리더는 부족한 정보와 복잡해진 의사결정과정 속에서 호기를 포착하고 적시적 결심을 할 수 있다. 하지만 어떠한 시스템도 시기를 상실한 리더의 결심을 보좌할 수는 없다. 장군의 리더십은 어떤 전장에 서있더라도 종국의 전쟁 승리에 기여할 수 있도록 전략적 사고에 기초해야 하며, 적에게 적개심을 불러일으키지 않도록 노력해야 한다.

# 철인경영 vs 시스템경영

●           2011년 10월, 애플의 공동창업자 스티브 잡스<sup>Steve</sup>

Jobs가 사망했다. 스티브 잡스를 생각하노라면 대부분이 검은색 터틀넥 셔츠와 청바지를 입은 스티브 잡스가 새로 개발한 제품을 직접 프레젠테이션하는 장면을 연상할 것이다. 자신의 기준에 맞는 디자인과 사용자 환경을 갖출 때까지 진두지휘하면서 제품을 개발했기에 가능한 일이다. 사용자 요구를 선도하기까지 한 특유의 고집과 혁신성을 지닌 잡스의 경영방식에 대해 많은 사람들이 애착을 보였다.

잡스의 고집과 혁신성이 항상 통했던 것은 아니다. 스티브 잡스가 창업한 애플은 마이크로소프트, IBM과 더불어 오늘날의 PC(개인용 컴퓨터)가 있게 한 주역이기도 하다. 애플이 매킨토시를 내놓을 당시 OS(컴퓨터 운영체제) 시장은 IBM이 장악하고 있었다. 초기 개발부터 관여했던 매킨토시를 고수하려던 잡스의 태도는 매킨토시의 고전과 함께 1985년 5월 그가 애플에서 쫓겨나게 만들었다.

잡스는 그가 애플에서 해고당한 이후 설립한 넥스트<sup>NeXT</sup>를 1998

년 애플이 인수하면서 13년 만에 애플로 돌아왔다. 돌아와서도 그의 괴팍한 천재성에서 비롯된 혁신적인 아이디어와 고집은 변함이 없었지만 운 좋게도 이번에는 제대로 통했다. 아이폰iPhone, 아이패드iPad를 내놓으며 IT 트렌드를 이끌어간 것이다. 잡스의 죽음으로 혁신적인 아이디어, 천재적 직관력으로 상징되는 강한 리더십이 사라진 애플의 미래를 사람들은 걱정스런 눈빛으로 지켜보고 있다.

2013년 5월 20일에 미 경제전문 통신사 블룸버그가 조사한 설문 결과를 보면 이미 그 우려는 현실로 나타나는 듯하다.

블룸버그는 "애플이 산업혁신가로서의 우위를 잃었는가?"는 질문에 응답자의 28%가 "영구적으로 그렇다"고, 43%가 "일시적으로 그렇다"고 답했다고 보도했다. "여전히 업계 최고"라고 답한 이는 23%에 그쳤고, 6%는 "잘 모르겠다"고 응답했다.

애플에 대한 평가는 미국 밖에서 더 박했다. "애플이 일시적, 혹은 영구적으로 혁신성을 잃었다"고 답한 이가 유럽에서는 74%, 아시아에서는 83%를 차지했다. 미국에서는 61%만 이렇게 답했다. 지난 분기 애플의 순이익은 10년 만에 처음으로 전년 동기 대비 감소했다.●

● 《중앙일보》 2013년 5월 20일.

반면 구글Google의 공동창업자인 래리 페이지Larry Page는 일반 사람들에게 그다지 알려져 있지 않다. 만약 그가 구글을 떠난다면 잡스가 떠난 애플처럼 우리가 구글의 미래를 걱정할까? 1998년 구글을 설립하고 2001년 에릭 슈미트Eric Schmidt를 CEO로 영입한 래리 페이지는 줄곧 부사장으로 지내다가 2011년 4월에서야 CEO 자리에 올랐다. 그는 CEO에 오른 지 1년도 채 되지 않아《인베스터즈 비즈니스 데일리Investor's Business Daily》가 뽑은 2011년 올해의 경영자CEO of the Year로 선정되었다.

페이지는 2012년 4월 5일 취임 1주년을 맞아 주주들에게 보낸 서한에서 새로운 경영비전과 방향을 제시했다. 지난 1년간 빈기 서비스의 중단과 조직개편, 모바일 및 소셜네트워크서비스(SNS) 분야 강화를 통해 선택과 집중을 이룬 사례를 열거하기도 했다. 그는 투자자들을 향해 "우리는 사악해지지 않고도 돈을 버는 게 가능하다고 항상 믿고 있다"면서 당장 큰 수익을 올리지 못하더라도 미래를 향하여 아낌없이 지원해달라는 당부를 잊지 않았다. 그는 구글이 소비자들에게 어떤 역할을 해야 하는가에 관한 열 가지 원칙만을 세우고 경영의 모든 것은 CEO에게 일임해왔다.

전쟁도 하나의 경영이다. 사람을 다루고, 가용요소를 융합하여 변화에 대응하고 목표를 지향한다는 점에서 그렇다. 전쟁에서 요구되는 군사리더십을 스티브 잡스와 래리 페이지의 경영철학과 연관하여 두 가지 유형으로 구분해볼 수 있다. 잡스의 경영은 변화와 소비자의 소비성향까지 이끌어가는 혁신적 천재에 의한 '철인경영'이다.

이는 유능하고 카리스마 있는 전투지휘관을 연상하게 한다. 전쟁사에서는 나폴레옹의 등장을 떠올릴 수 있다. 군사적 천재에 의한 주도적 전쟁지휘는 수적 열세에도 불구하고 내선작전內線作戰●의 이점을 이용하여 신속한 전환을 통한 집중, 집중을 통한 상대적 우위를 달성하여 놀라운 승리를 가져왔다. 이는 의사결정과정이 짧은 까닭에 가능했다. 그러나 나폴레옹도 징병을 통해 확대된 군과 그들이 수행하는 전장을 효과적으로 장악하기에는 역부족이었다. 워털루전투에서 수정된 명령이 제대로 전달되지 못한 혼란을 통제하고 예하부대와 적의 의도를 파악하는 데 있어서 한 사람의 천재적 리더만으로는 중과부적이었다.

반면 페이지의 경영은 직원들에게 최대한 권한을 위임하고 통찰을 통한 합리적인 결정을 해나가는 '시스템경영'이다. 조직구성원들의 역량을 최대한 끌어내기 위해 노력하면서 동시에 그들의 노력의 통합성을 높이기 위해 애쓴다. 구성원이 신입사원 채용과정 같은 의사결정에 참여한다. 평시 양병을 위한 리더십과 유사시 조직이 방대한 상위제대의 용병술에 적합한 관리적 지휘관을 연상시킨다.

영웅적 면모를 지녔던 스티브 잡스의 죽음으로 그의 혁신적 천재성과 강한 리더십에 대한 사람들의 동경과 쏠림현상이 일시 일어났다. 하지만 래리 페이지가 경영하는 구글의 성공은 전쟁이라는 경영에 있어서 군사적 리더십의 방향을 돌아보게 한다. 모든 상황에 맞는

---

● 외부에서 포위나 협공 형태로 공격하는 둘 이상의 적을 중앙에 위치하여 상대하는 작전.

**왼쪽** 스티브 잡스 (CC BY−SA / Matthew Yohe)
**오른쪽** 래리 페이지 (CC BY−SA / Marcin Mycielski)

전형적 리더십은 존재할 수가 없다. 특히 전장에서는 다양한 요인으로 인한 변화에 부합한 상황적 리더십이어야 한다. 잡스의 카리스마 넘치는 천재적 리더십에 대한 일방적 쏠림현상은 경계해야 한다.

# 구글을 움직이는 10가지 황금률

## 1. 채용은 위원회에서 담당한다.

- 채용과정을 수백 명으로 구성된 위원회가 담당하며, 면접에서 최소 6명 이상의 경영진이나 미래에 동료가 될 일반직원이 참여함.

## 2. 필요한 것은 모두 충족시킨다.

- 사내에서 무료로 세계 최고 수준의 식사, 세탁실, 미용실, 치과, 세차장, 탁아소 등 각종 편의시설과 복리후생을 제공.

## 3. 한 곳에 모아놓는다.

- 구글의 업무진행방식은 3~5명 정도의 작은 팀을 만들어 각각 프로젝트를 진행하는 것이 특징. 언제라도 직접 대화할 수 있는 환경을 조성하기 위함.

## 4. 조정하기 쉬운 환경을 만든다.

- 사내에 무료 직원식당을 설치한 이유는 직원들의 교류를 촉진하고 인간관계나 업무를 미세하게 조정하는 역할.

## 5. 출시 전 자사 제품을 쓰게 한다.

- 개인이 낸 아이디어는 팀 활동을 통해 해체당하고 재정의되며, 평가받고 개선됨.

## 6. 창조성을 장려한다.

- '20% 규정'으로 근무시간 중 최대 20%를 자신이 하고 싶은 프로젝트에 사용할 수 있음.

- '아이디어 메일링리스트'라는 전체 회사 차원의 제안함을 통해 사내 주차 규칙부터 사업 아이디어까지 제안.

## 7. 합의를 이끌어내기 위해 노력한다.

- 대략의 데이터를 바탕으로 합의를 통해 움직임.

- 최고 경영진 또한 에릭 슈미트, 래리 페이지, 세르게이 브린이 팀을 이루어 경영권을 행사하는 삼두체제를 유지.

## 8. 사악해지지 않는다.

- 돈이 목적이 아닌 비즈니스, 독재가 아니라 중지를 모으는 회사. '전 세계 사람들이 전 세계의 정보를 무료로 손에 넣어 효과적으로 사용할 수 있게 한다'는 비전을 지향.

## 9. 데이터가 판단을 이끈다.

- 구글 내에서 내려지는 결정은 전문가에게 의뢰한 데이터를 기반으로 철저한 토론을 거침.

## 10. 효과적인 커뮤니케이션을 한다.

- 효과적인 커뮤니케이션을 위해 토론, 회의, 브레인스토밍 등의 기법을 활용하기도 하지만, 기본적으로 일상적인 커뮤니케이션이 뒷받침되어야 함.

# 직관 vs 정보우위

●       동양의 대표적인 전쟁이론가이자 전략가인 손자와 서양에서 전쟁연구의 신기원을 이룩한 클라우제비츠도 군사지도자의 바람직한 리더십에 대해 규명하고자 노력했다

클라우제비츠는 전쟁수행과정에서 신뢰할 만한 정확한 정보를 얻기란 불가능하다고 보았다. 그가 쓴『전쟁론』의 이론적 틀은 대부분 이런 전제를 기초로 세운 것이다. 즉 완벽한 정보를 바탕으로 세운 계획대로 전쟁을 수행하는 것은 이론적이며, 현실적으로는 '필요로 하는 정보의 부족 또는 불확실성'으로 인해 전쟁은 계획대로 되지 않고 중지, 교착 등 예기치 못한 상황을 연출한다. 당연히 정보의 부족은 전쟁수행과정에서 정치 및 군사지도자들로 하여금 '순수하게 합리적인' 결정을 내리는 것을 불가능하게 만든다.

이러한 정보의 부재를 보충하기 위해 클라우제비츠는 '군사적 천재'의 개념을 발전시켰다.● 클라우제비츠가 말하는 군사적 천재란 군사적 활동과 관련한 정신적 요소 일체의 조화로운 배합체이다. 그리고 전쟁 수행은 충분한 정보에 기초한 합리적인 계획보다는 군사적 천재의 직관에 의존해야 한다고 주장했다. 그러나 그의 이러한 처방은 오히려 많은 문제점을 드러내 보인다. 가장 큰 폐해는 최선의 정보를 수집하려는 노력을 기울이기보다 오직 지휘관의 직관

---

● 『전쟁론』, p.73.

| 5사(事) | 도(道), 천(天), 지(地), 장(將), 법(法), |
|---|---|
| 7계(計) | 주숙유도(主孰有道): 임금은 누가 도가 있는가?<br>장숙유능(將孰有能): 장수는 누가 더 능력이 있는가?<br>천지숙득(天地孰得): 천시(天時)와 지리(地理)에 누가 밝은가?<br>법령숙행(法令孰行): 법과 명령은 누가 더 잘 시행하는가?<br>병중숙강(兵衆孰强): 어느 군대가 더 강한가?<br>사졸숙련(士卒孰練): 어느 쪽 장병이 더 잘 훈련되었는가?<br>상벌숙명(賞罰孰明): 상벌은 누가 더 밝게 행하는가? |

에 의해서 선별적으로 정보를 수집하려 한다는 점이다. 즉 전장에
서 부족한 정보를 지속적으로 획득하려 하지 않고 매우 제한적인
정보만을 획득하려 들거나 제한된 정보만으로 판단을 서두르려 할
수 있다.

『손자병법』에서는 클라우제비츠의 '군사적 천재'에 비교되는 '군
사적 대가善戰者' 또는 '유능한 지휘관賢將'에 대해 제시하고 있다.

손자가 말하는 군사적 대가는 '신중하고 정확한 계산'을 할 줄 알
아야 한다. 먼저 정치 및 군사지도자는 전쟁을 시작함에 있어서 국
력 및 전력 요소인 5사事와 비교 관점인 7계計로 우열을 판단하여
승산이 많을 때에만 전쟁을 치러야 한다.

손자는 전쟁을 수행함에 있어서 먼저 이겨놓고 싸움을 시작해야
함을 일관되게 역설하고 있다.• 이길 수 있는 태세를 갖추기 위해

---

• 『손자병법』, 군형편(軍形篇). 승리하는 군대는 먼저 승리할 수 있는 상황을 마련한 후에 전쟁을

정보의 우위를 넘어 완전한 정보를 획득해야 한다. 정보를 통해 모든 요소를 고려하여 종합적으로 판단한 후에 전투를 수행해야 한다.●

나폴레옹이라는 탁월한 군사지도자의 존재가 온 유럽에 안긴 충격적 경험이 작용한 탓도 있겠지만 클라우제비츠는 지휘관의 직관에 의존하려던 경향이 컸다. 이에 비해 춘추시대의 급변하는 외교환경 속에서 이해득실을 따져서 승리를 예측할 수 있을 때에만 전쟁을 추구했던 손자는 정확한 정보에 기초한 신중하고 정확한 계산을 선호했다. 그들이 속했던 시대적 상황에 의한 자연스러운 결과라고 할 수 있다.

클라우제비츠와 함께 19세기 서양 군사학을 대표하던 사상가인 조미니Antoine-Henri Jomini(1779~1869)●●는 지휘관의 능력의 중요성을 강조한다는 면에서 클라우제비츠와 비슷한 주장을 펼치고 있다. 그리고 정치지도자가 군사지휘관을 선정하는 문제가 가장 중요한 결

---

한다. 패배하는 군대는 먼저 전쟁을 일으키고 이후에 승리를 구한다(勝兵先勝而後求戰 敗兵先戰而後求勝).

● 『손자병법』, 지형편(地形篇). 나를 알고 적을 알면 위태롭지 않게 승리할 수 있고, 여기에 지형과 기상을 읽고 군사를 움직이면 완전한 승리를 얻을 수 있다(知己知彼, 勝乃不殆. 知地知天 勝乃可全).

●● 스위스 태생으로 1798년에 프랑스군 참모로 지원하여 군인생활을 시작했다. 그는 프리드리히 대제의 전역(戰域)을 심층적으로 분석하여 『대전술에 관한 논문』을 발표했는데, 이를 읽고 깊은 인상을 받은 나폴레옹에게 발탁되어 참모장교가 되었고, 1805년에는 나폴레옹의 오른팔 네 장군의 휘하에서 울름 전투(1805)와 예나 전투, 아일라우 전투(1806)에 참전하면서 군인으로서 능력을 인정받았다. 1813년 러시아로 가서 알렉산드르 1세의 부관이 되어 대프랑스전에 참전했다. 이후 1869년 숨질 때까지 러시아 군사사상의 수준을 끌어올리는데 큰 공헌을 했다.

정사항이라고 한 점에서는 손자의 주장과 유사하다.

---

만일 장군의 능력이 승리를 위한 가장 확실한 요소라면, 그를 신중하게 선발하는 것이 통치술에서 가장 중요한 문제가 된다. 또한 이는 국가의 군사정책에서 가장 필수적인 사항임을 쉽게 이해할 수 있다.[*]

---

하지만 조미니는 클라우제비츠나 손자보다 한 걸음 더 나아가 군사적 천재인 훌륭한 장수를 얻지 못했을 때에 부족한 지휘관을 보좌할 장군참모general staff의 필요성을 주장했다. 이는 장군참모제도가 프로이센에서 태동한 때와 일치하기에 그에게 뛰어난 분석과 통찰력이 있었음을 인정하지 않을 수 없다.

---

훌륭한 장군 선발의 어려움은 항상 원수의 측근에서 자문하고, 작전 전반에 대하여 유익한 영향을 미치게 될 훌륭한 장군참모를 구성하는 것과 직결되어 왔다. 잘 훈련된 장군참모는 가장 유용한 조직의 하나이다. 이 조직 속에 잘못된 원칙이 도입되지 않도록 관심을 기울여야 할 것이다. 왜냐하면 잘못된 원칙의 적용은 참모조직에 치명적인 타격을

---

[*] 앙투안 앙리 조미니, 이내주 역, 『전쟁술』(서울: 책세상, 2004), p.56.

주기 때문이다. •

조미니는 참모를 통한 의사결정과정의 폐해성에 대해서도 제시하고 있다. 참모집단 또는 복잡한 관료들에 의해 수행되는 의사결정은 모든 참가자가 받아들일 수 있는 최저의 공통된 척도를 포함하게 되는데, 최대한의 합리성을 지닌 결정이 전쟁의 불확실성 속에서 감수해야 할 위험을 무릅쓰게 할 수 있을지는 의문이다.

통상적으로 다수결로 정해진 의견은 개인의 견해보다 타당하다고 판단하기 때문이다. 그러나 스스로 작전개념을 창안하고 정립한 작전보다 타인에 의해 지도받은 작전에 의해 더 큰 성공을 기대할 수 있겠는가? 장군 자신에 의해 정립된 개념이 아닌 그가 부분적으로만 이해한 작전의 결과는 어떻게 되겠는가? (…)
나폴레옹이 아콜라로 기동, 생-베르나르의 횡단, 울름으로 기동 또는 게라와 예나로의 기동 등 여러 가지 작전 제의를 했을 때, 이에 전쟁위원회의 조치가 어떠해야만 했던가? 당시 전쟁위원회의 우둔한 자들은 이 제안을 무분별한 졸속이나 광기라고까지 했을 것이고, 다른 자들은 이를 시행하려면 불가피하게 상당한 어려움이 따를 것이라는 이유를

---

• 『전쟁술』, p.63.

들어 거부했을 것이다. 이와 반대로 나폴레옹 이외의 장군으로 하여금 이를 시행하게 했다면 이 작전이 성공할 수 있었겠는가?[•]

---

손자나 클라우제비츠, 조미니가 바라본 전쟁에서의 올바른 군사적 리더십은 많은 부분이 그들이 주목했던 전쟁의 수준과 몸담았던 시대 배경에 의해 좌우되었다. 그래서 군사적 지도자의 올바른 리더십은 그가 속한 시공간의 틀 속에서 유연성과 적응력 있게 발휘되어야 한다. 이들 군사적 대가들의 가르침을 융합해 본다면 부단히 정보를 수집하되, 이에 한정되지 않고 포괄적이어야 하며, 적시적인 결심을 해내는 것은 여전히 지휘관의 몫이다. 이 결심을 위해 위험을 무릅쓸 수 있는 강한 정신력이 뒷받침되어야 한다. 그래도 여전히 확장된 전쟁을 감시하고 조언하며 지침을 이행할 참모의 역할은 중요하다.

## 전술적 사고 vs 전략적 사고

●            비즈니스맨이자 군사전문가인 남도현이 쓴 책 『히틀러의 장군들』은 장군의 리더십에 대해 생각해보기에 좋은 교재이

---

[•] 『전쟁술』, p.291.

다. 이 책에는 제크트<sup>Hans von Seeckt</sup>, 만슈타인<sup>Erich von Manstein</sup>, 롬멜<sup>Erwin</sup> Rommel, 구데리안<sup>Heinz Guderian</sup> 등 귀에 익숙한 이름들 외에도 다소 생소한 할더<sup>Franz Halder</sup>, 룬트슈테트<sup>Gerd von Rundstedt</sup>, 카이텔<sup>Wilhelm Keitel</sup>, 클라이스트<sup>Ewald von Kleist</sup>, 호트<sup>Hermann Hoth</sup>, 모델<sup>Walter Model</sup> 등 10명의 독일군 장군이 등장한다. '독일의 수호자, 세계의 적 그리고 명장'이라는 책의 부제가 말하듯이 이들은 제2차 세계대전을 일으킨 제3제국의 장군이었다는 면에서 지탄의 대상이지만, 순수한 군인으로서는 명장이었음을 역설하고 있다.

이 책은 개인의 일대기를 근간으로 독일 국방군 최고사령부와 육군 최고사령부의 역할, 히틀러와의 관계, 전략적 결심을 통한 확전과정, 전후 뉘른베르크 전범재판 등을 통해 '장군의 역할'에 대해 돌아보게 한다. 독일이 수행한 제2차 세계대전사는 역사 연구자들에게 친숙한 부분일 수도 있지만, 이 책은 몇 가지 색다른 면이 있다.

첫째, 인물 중심의 서술로 전쟁사의 현상을 둘러싼 장군의 역할과 영향, 나치즘과 군인관의 충돌 등 전쟁사 속에서 '사람, 즉 장군의 역할'에 대해 깊이 이해할 수 있게 한다. 즉 베르사유조약 하에서 군사력 확장의 주된 역할을 수행한 제크트와 기갑부대 창설과 훈련과정에서 구데리안의 역할, 프랑스 침공계획 수립과정에서 만슈타인과 히틀러 및 군부의 역할, 카이텔의 인물됨과 국방군 최고사령부의 역할, 히틀러의 군 장악과정을 통한 영웅 만들기와 롬멜 및 모델의 작전 수행 등 인물의 역할 속에서 제2차 세계대전을 좀 더 흥미롭게 돌아볼 수 있다.

만슈타인은 연합국도 이미 선전포고와 함께 동원령을 실시하여 전쟁을 준비하고 있는 이상 개전시기를 조절하는 것만으로는 기습 효과를 얻기는 힘들다고 판단하고, 시간에서 기습효과를 얻지 못한다면 전혀 예측하지 못한 공간을 침공로로 이용함으로써 기습효과를 달성하는 것이 옳다고 생각했다. 만슈타인은 황색 계획을 대신할 새로운 프랑스 침공계획을 구상하여 육군 최고사령부에 제시했다. 만슈타인은 프랑스에 포진하고 있던 프랑스군과 영국 대륙 원정군을 분리시키기 위해 주공을 B집단군이 아닌 전선 중앙의 A집단군으로 변경하고 기갑세력을 이곳에 집중하여 누구도 예상하지 못한 통로를 급속 돌파해 적의 배후를 단절함으로써 적의 주력을 대포위하여 섬멸하자는 이른바 '낫질 작전Sichelschnitt'을 주장했다. 이때 만슈타인이 제시한 회심의 통로는 아르덴 구릉지대였다. (…) 만슈타인이 베를린 인근에 새로 창설된 제38군단으로 좌천된 지 얼마 지나지 않아 히틀러가 제38군단을 방문했고, 이때 만슈타인은 직접 자신의 계획을 히틀러에게 설명할 기회를 얻게 되었다. 그동안 군부를 채근하여 하루라도 빨리 프랑스를 침공하고자 재촉하던 히틀러는 당시 총참모본부가 제시한 황색계획을 탐탁지 않게 생각하고 있던 중이었다. 그런데 때마침 만슈타인이 제안한 낫질 작전은 자신의 구미에 정확히 맞아 떨어졌던 것이었다.•

---

• 남도현, 『히틀러의 장군들』(서울: 플래닛미디어, 2009), pp.222~224.

서부전역에서 독일군의 승리를 가져온 아르덴 산림지대를 통한 작전적 기동이 한 장군이 구상했던 작전계획에서 시작되었음을 생각하노라면 소름끼치도록 놀라운 지적 충격이 아닐 수 없다.

또한 '기갑부대의 아버지'로 불리는 구데리안이 뛰어난 엔지니어의 감각으로 차세대 전차 개발에 대한 명확한 개념을 가지고 있었던 것은 경외감마저 들게 한다. 요즘 같으면 작전요구성능ROC: Required Operational Capability이 될 전차개발개념에서 향후 성능개량을 위한 확장성을 확보하고, 모든 전차에 무전기와 내부통신용 마이크 장착을 요구하는 등 직업군인의 전문성에 대해 시사하는 바가 크다.

---

그중 첫째로 꼽을 수 있는 것은 차후 확장성에 대한 고려다. 차후에 주포의 개량 등이 이루어져서 전차의 성능을 업그레이드할 필요가 있을 경우 개조가 용이하도록 처음부터 넉넉하게 공간을 확보해 전차를 개발한 것이었다. 이런 사상을 바탕으로 탄생한 독일의 3호 전차 이후 등장한 전차들은 계속적인 개량이 가능하여 오랜 기간 전선에서 활약했다. 사실 우리가 최초로 만들어 전력화한 주력전차 K-1의 경우는 사실 이 부분을 간과한 측면이 크다. (…) 넷째, 통신의 중요성을 누구보다도 일찍 깨달은 인물답게 모든 전차에 무전기와 내부통신용 마이크를 장착했다. 현재는 너무나 당연한 이야기일 수 있겠지만, 당시에는 지휘관 차량 외에는 무전기가 없었고 전차부대는 깃발을 이용한 수신호로 통제했다. 또한 소음이 심한 전차내부에서 승무원 간의 마이크 통신도

전차운용에 효과적이었다. 이처럼 통신장비를 갖춤으로써 당연히 부대 통제가 용이해졌다. 통신 장비를 갖춘 부대와 그렇지 않은 부대와의 대결은 굳이 설명하지 않아도 상상이 갈 것이다.●

---

히틀러의 추종자였던 모델과 롬멜은 1939년 폴란드 침공 당시 4군단 참모장과 경호대장에서 각각 시작하여, 대전 말기에는 집단군사령관직에 이르는 고속승진을 거듭하여 최연소 원수(롬멜), 그 다음 최연소 원수(모델)의 수식어를 달았다. 이러한 그들은 고속승진 탓에 많은 시기를 받았지만 용병술에 있어서만큼은 부인할 수 없는 탁월함을 지녔다.

둘째, 전쟁과 정치, 군인과 정치의 관계에 대한 통찰을 가능하게 해준다. 나폴레옹전쟁 이후 시민전쟁의 등장으로, 전쟁이 더 이상 귀족이나 황제만의 전쟁이 아니라 국가이익을 유지·확대하기 위한 외교의 한 수단이자 정치의 연장이라는 명제가 통념이 되었다. 그럼에도 군인과 군이 정치성향에 의해 좌우되거나 사병화私兵化로 사적 목적에 오용되는 것을 방지하기 위해서는 정치로부터 독립적이어야 한다. 아울러 군의 역할은 정치적 결심을 단순히 이행하는 것만이 아니라는 것을 깨닫게 한다.

제2차 세계대전 발발 이전에 사망한 제크트를 제외한 9명의 장군

---

● 『히틀러의 장군들』, pp.326~328.

을 나치즘과 히틀러에 대한 신봉여부를 잣대로 구분해 보면, 신봉세력으로 카이텔이나 모델, 롬멜, 자기주장이 강했던 구데리안, 반목하지 않으면서 군인의 길을 걸어간 만슈타인, 클라이스트, 호트, 권력과 타협의 길을 걸어간 할더 등으로 구분할 수 있다. 그들의 정치성향이 어떠하든 간에 히틀러의 올바른 전략적 판단을 위해 직업군인으로서 적절한 군사적 조언과 군령 보좌를 하였어야 한다. 직업군인으로서 정치의 연장수단인 전쟁의 수행자로서만이 아니라 전략적판단과 결심에도 적절한 조언을 통해 합리적으로 영향을 미쳐야 한다. 군인으로서 올바른 세계관과 역사관을 견지하고 국가와 국민을수호해야 할 직업관 정립이 중요함을 생각하게 한다. 히틀러가 국방군 최고사령관 직에 카이텔을 선택하는 과정을 보면 군령 보좌를 위한 최고사령관의 역할을 어떻게 배제시켰는가를 알 수 있다.

---

국방군 최고사령부는 전쟁성 무력국을 확대 개편한 구성이었는데, 구조상 육군최고사령부, 해군최고사령부, 그리고 공군 최고사령부가 국방군 최고사령부의 하부 조직이 되었다. 당연히 국방군최고사령부의 책임자가 누가 될 것인지가 최미의 관심사였다. 그때 히틀러가 블롬베르크Werner von Blomberg에게 당시 무력국장이던 카이텔에 대해 물어보았다. "총통 각하! 그는 후보에서 빼십시오. 그는 전에 저의 말에 따라 움직이는 사환使喚에 지나지 않았습니다. 그는 큰 조직의 수장 직을 맡기에는 부족합니다."

블롬베르크가 이렇게 대답하자, 히틀러가 말했다.

"그렇소? 내가 원하는 사람이 바로 그런 사람이오!"

카이텔은 순식간에 대장으로 승진하여 국방군 총사령관이라는 어마어마한 자리에 오르게 되었다. (…) 히틀러는 국방군 최고사령부의 권한이 커지는 것을 원하지 않았고, 다만 비대해진 육군을 견제하는 정도의 임무만을 수행하길 바랐는지 모른다. 제2차 세계대전 동안 국방군 최고사령부와 카이텔이 한 행적과 히틀러가 전쟁 중에 국방군 최고사령부의 국방군 총사령관이 아닌 육군 최고사령부의 육군 총사령관에 스스로 올랐다는 점은 이러한 심증을 더욱 굳게 만든다. 하지만 무엇보다도 총통이 처음부터 국방군 최고사령부 책임자로 능력이 있는 사람이 아니라 단순한 사람을 원했다는 사실 자체가 이를 뒷받침하는 증거라고 할 수 있다. •

---

셋째, 장군의 리더십Generalship은 전략적 승리를 지향해야 한다. 전쟁 중에 거둔 전투의 승리를 전략적 승리로 귀결시키지 못한다면 부하들의 목숨을 헛되게 할 수 있다. 이 책에서 언급된 장군들 중 일부는 그 역할이 전술적 수준에 머물렀거나 개인의 역량과 직위에 따라 좀 더 작전적으로 뛰어났다. 특히 북아프리카 전역에서 롬멜의 전과가 전술적 승리에 그쳤다는 비판적 견해를 내놓은 것은 신선하

<hr>

• 『히틀러의 장군들』, pp.173~175.

다. 히틀러의 비호 아래 최연소로 원수가 된 롬멜에게 최고사령부가 부여한 임무는 '토브룩Tobruk을 중심으로 한 소극적 방어'였다. 하지만 롬멜은 전술적 성과에 도취되어 아프리카 전역을 확대하여 동부 전역에 집중하고자 한 전략 수행을 저해했다. 고로 아프리카 전역은 1943년 5월에 조기 종영된 삼류영화가 되었다.

---

기다란 공간에 상대적으로 적은 인원이 대결하던 북아프리카 전선은 엄청난 전진을 쉽게 할 수 있었지만, 방어선이 촘촘했던 토브룩 같은 거점은 쉽게 뛰어넘을 수 없었다. 2년간 롬멜은 왕복 달리기하듯 같은 곳을 무의미하게 왕복하며 승리와 패배를 반복하다가 결국 모든 것을 잃고 말았다. 만일 그가 육군 최고사령부의 의도대로 처음부터 소극적으로 전선을 유지했다면, 명성은 얻지 못했겠지만 좋은 결과는 얻을 수 있었을 것이다. 북아프리카 전선을 결정지은 1942년 말의 엘 알라메인 El Alamein 전투에서 독일이 회복하기 힘든 결정타를 맞고 수세에 몰리기 시작했을 때, 롬멜은 본국의 지원이 너무 적다고 불평했지만, 동부전역을 지원하기에도 벅찬 당시의 독일 입장에서 무한정 롬멜을 도울 수는 없었다. 사실 이것은 소련 침공을 준비 중이던 독일이 별로 관련도 없는 북아프리카에 군대를 보냈을 때부터 예견되었던 문제였다. 엄밀히 말해 이것은 총체적인 전략 부재로 벌어진 일이었다.[*]

---

이에 비해 초기 프랑스 작전계획을 생각해냈던 만슈타인은 독소전역을 통해 크림 반도 전역과 하리코프 전투, 치타델레 작전 Unternehmen Zitadelle(성채 작전) 등 작전적 수준의 전투 수행 측면에서 매우 뛰어났다. 그러나 전쟁 승리에 기여하기 위해 전략적 의사결정에 적극적으로 개입하려는 노력은 부족했다. 어쩌면 듣지 않으려는 지도자에게 해줄 수 있는 말은 없었는지도 모르겠다.

만슈타인은 자신보다 히틀러의 신임이 두텁고 말주변이 좋은 중부집단군 사령관 클루게Gunther von Kluge로 하여금 고집불통의 총통을 설득하도록 했으나, 히틀러는 전선의 지휘관들이 줄기차게 요구하는 지휘에 관한 자유재량권을 단호히 거부했다. 이제 만슈타인은 더이상 자신이 전선에서 할 수 있는 것이 없다는 사실을 깨달았다. 손발이 꽁꽁 묶여버린 상태에서 기동전의 전문가인 그가 할 수 있는 일이란 사실 별로 없었다. 예하부대에 배치된 티거Tiger 같은 중전차를 사용하려 해도 총통에게 일일이 허락을 받아야 했다.

그럼에도 저자는 제2차 세계대전의 전략적 과오가 히틀러에게만 한정될 수 없으며, 육군과 국방군 최고사령부의 역할 부재에서 비롯됨이 크다고 지적하고 있다. 특히 역할 분담과 위상 정립을 둘러싼 국방군 최고사령부와 육군 최고사령부의 반목이 전략적 패배에 기여했다고 힐난하고 있다.

장군은 해당 제대의 전투가 궁극적으로 전쟁 승리에 기여할 수 있

---

● 『히틀러의 장군들』, pp.524~525.

도록, 전략적 사고에 기초한 전투 수행을 할 수 있어야 한다. 남북한 간 정치외교의 질곡 속에서 군사적 대치 상태의 긴장이 출렁거리는 한반도의 안보현실에서 군인으로서, 그리고 장군으로서 어떠한 역할을 해야 하는지에 대해 생각해보아야 한다.

넷째, 전쟁범죄로부터 자유로워야 함을 알게 한다. 이 책에서 전전戰前 또는 종전 이전에 사망한 제크트, 롬멜, 모델을 제외한 7명 장군들의 전후 행적을 비교하는 것은 흥미롭다. 전후 뉘른베르크 전범재판 결과를 통해 전쟁의 잔혹함 속에서도 군인은 '반인륜적 범죄를 범해서는 안 된다'는 것을 생각하게 한다. 국방군 총사령관 카이텔 원수는 소련군 정치장교를 생포즉시 사살하고 친위대(SS)의 테러행위를 적극 지원하라는 명령을 본인의 이름으로 하달함으로써 결국 교수대에 서게 되었다.

하지만 만슈타인, 구데리안, 할더 장군 등은 전투의 승리를 추구하는 순수한 군인의 길을 고수했기 때문에, 점령지 내에서 벌어진 반인륜적 범죄행위에 얽히지 않았다. 전쟁이란 그 자체가 이미 정의로울 수 없다는 견해도 있지만, 그런 가운데서도 전쟁수행자는 반인륜적 범죄를 저지르지 않기 위해 유의해야 한다. 더구나 오늘날에는 미디어의 발달로 인해 정당성이 전쟁의 지속력에 막대한 영향을 미치고 있다.

# 적에게서도 존경받은 만슈타인

만슈타인은 종전 후인 1945년 8월 23일에 슐레스비히에서 영국 군에게 체포되었는데, 이때 소련이 폴란드와 크림 반도에서 자행한 학살 사건과 관련하여 그를 전범으로 기소해 벌을 주겠다며 신병을 인도해달라고 난리를 쳤다. 하지만 그는 런던 인근에 위치한 제11포로수용소에 수감되어 재판을 받았고, 1949년 18년 금고형을 선고받고 복역했으나, 건강상의 이유로 1953년에 석방되었다. 사실 만슈타인은 영국의 입장에서는 별로 관련이 없어 소련이 재판권을 갖는 것이 일견 타당했다. 예를 들어 영국군에게 함께 체포된 클라이스트의 경우는 소련의 강력한 요구에 따라 1948년에 신병이 인도되었다. 하지만 만슈타인의 명성을 잘 알고 있던 영국은 얼떨결에 굴러 들어온 거대한 호박으로부터 알아내고 싶은 것이 너무 많아 소련의 요구를 거부했다. 한마디로 만슈타인은 그와 칼을 섞지 않은 상대로부터도 인정을 받았다는 것이다. 만슈타인이 수감 당시에 수많은 연합국 측의 군사관계자들이 그로부터 군사적인 지식을 한마디라도 더 듣고 싶어서 줄을 섰다는 이야기가 전해질 정도인데, 그 군사관계자들 중 한명이 바로 앞에서 언급한 리들하트Basil Henry Liddell Hart였다. 비록 적국의 패장을 대놓고 존경할 수는 없었지만, 이처럼 만슈타인은 누구에게나 경외의

# 되새김

● 　　잡스가 보여준 혁신적 천재성과 강력한 리더십에 대
한 쏠림현상이 사회 전반에 있었고, 군내에서도 잡스의 리더십에 대
한 소소한 고찰이 있었다. 모든 상황에 부합하는 리더십이 있을 수
없음을 인정하더라도 잡스의 리더십은 군사적 리더십으로는 한계
를 지닌다. 천재적 직관이 갖는 한계는 부족한 정보에도 불구하고
결심을 서두르는 것과 천재적 리더십의 유고나 제한사항이 발생했
을 때에 위험성이 크다는 것이다. 복잡한 현대 전장에서 여러 요소
의 융합을 관장할 참모조직을 통한 시스템적 운영이 중요하다. 즉
다양한 수준에서 지휘관을 보좌할 참모가 중요하다. 이 또한 만능이
아니다. 다수결에 의한 의사결정이 갖는 한계성을 뛰어넘어 어려운
결심을 해낼 지휘관의 영역은 여전히 남아있다.

특히 장군의 리더십은 소속 제대가 치르는 전투의 승리를 넘어서
전략적 통찰을 통해 궁극적으로 전쟁 승리에 기여할 수 있어야 한
다. 부단히 전쟁의 종결조건과 자신의 전투의 연결선을 그려보는 노

력을 멈추지 않아야 한다. 전투의 혹독함과 피폐함에 처하더라도 정신의 호흡을 멈추지 말아야 한다. 또한 한 명의 위대한 장군이 전쟁의 승패를 가름할 위치에 있음을 깊이 생각하고 행동해야 한다.

전투를 통해 승리를 추구하면서 전쟁범죄로부터 자유로우며, 잔혹함이나 포악함이 아니라 용병술로써 적에게 두려움을 주는 장군의 리더십이 이상적이다.

# 06
## 의지
### 배수진을 쳐라

. . .

전장에서 빈번하게 전투원의 의지가 물리적 전투력의 열세를 극복하게 한다. 패색이 짙은 전장에서도 지휘관의 결연한 투지와 진두지휘로 전세가 역전하는 것이 전쟁이다. 하지만 합리와 효율에 대한 고려 없이 의지에만 의존하려는 군대에서는 독으로 작용하기도 한다. 객관적인 전력 우위보다 전투원의 정신력에 의존하는 것이 전쟁의 기본계획이 되어서는 안 된다.

## 사지死地

우리나라가 월드컵에서 가장 높은 성적을 거두었던 2002년 한·
일 월드컵대회 경기는 매 경기가 모두 명승부요, 한 편의 드라마
였다. 그중에서도 이탈리아와의 16강전은 극적인 의지의 싸움에
서 승리한, 각본 없는 대 서사시와 같았다.

당시 우리 팀은 유럽에서도 거칠기로 소문난 이탈리아의 작전에
말려 후반 중반까지 한 골 차로 뒤지고 있었다. 히딩크 감독은 전
반 4분에 설기현이 얻은 페널티 킥을 실축한 안정환 선수를 계속
기용하면서 신뢰를 바탕으로 선수들을 독려하고 있었다.

이탈리아는 후반전이 종반으로 넘어서면서 공격수 대신에 수비형
미드필드 선수들로 교체투입하면서 전형적인 빗장수비로 전환하
였고, 우리 선수들은 미드필드에서부터 잦은 패스미스를 범하고
있었다. 그러자 히딩크 감독은 수비 진영에서 중거리 패스를 통해
최전방으로 곧바로 연결하도록 지시를 내린다. 이것까지는 후반전
에 체력이 떨어지는 팀에서 일반적으로 내릴 수 있는 작전이었다.

그런데 보는 이의 눈을 의심하게 하는 일이 필드에서 벌어졌다.
히딩크 감독이 수비수를 모조리 공격수로 교체 투입한 것이다. 김
남일 대신 황선홍, 홍명보 대신 차두리, 김태영 대신 이천수가 그
라운드에 투입되었다. 이탈리아의 공세가 중단되지 않은 상태에

서 그런 극단적인 전술은 전혀 예상 밖의 일이었다. 월드컵과 같은 큰 경기에서는 감히 찾아볼 수 없는 대담한 공격전술이었다. 관중들은 의아해하면서도 숨을 죽이고 기적이 일어나기만을 바라며 지켜보았다.

경기가 종반에 다다르면서 경기에 변화가 일어나기 시작했다. 연령대가 높았던 이탈리아 선수들은 격렬한 몸싸움에 지쳐 특유의 드리블과 기습적인 공격들을 더 이상 보여줄 수 없었다. 반면에 새로 투입한 차두리를 비롯한 한국의 공격수들은 넘치는 체력을 자랑하며 경기를 지배해갔다. 그 결과 경기 종료 2분을 남겨둔 상태에서 설기현이 극적인 동점골을 기록했다. 연장전에서는 안정환이 홀로 솟구쳐 이영표의 크로스를 침착하게 헤딩슛으로 성공시켰다.

사상 최초로 한국팀을 월드컵 8강전에 오르게 한 그 경기에서 히딩크는 어떻게 해야만 위기를 극복하고 승리를 쟁취하는지를 생생하게 보여주었다. 후반 중반까지 1:0으로 뒤진 상태에서 이탈리아의 벽을 넘기 위해서 선택한 공격위주의 작전은 물러설 곳 없던 한국팀이 선택한 배수진背水陣과 다를 바 없었다. 그리고 페널티킥 실축으로 오랜 슬럼프에 빠질 뻔했던 한 선수를 끝까지 믿고 기용함으로써 골든골의 영웅으로 만든 신뢰의 용병술이었다.

승리는 이처럼 승리를 믿는 사람만이 얻을 수 있다. 상대의 공세가 아무리 강해도 끈질기게 붙들고 늘어져 적의 결정타를 피해가며 기회를 기다리다 보면 분명히 호기는 찾아오게 된다. 그리고 물러설 곳이 없는 절체절명의 순간으로 자신을 몰아간다면 승수효과를 발휘하기 마련이다. 유럽의 강호이자 우승후보인 이탈리아에 비해 이미 16강에 오른 우리가 만약 진다고 해도 얼마간의 아쉬움을 빼면 손해 볼 게 없었다. 공격형 미드필드를 대거 기용하여 공세를 펼쳤던 것은 히딩크 감독이 친 배수진이었다. 배수진은 심리적으로 응집과 투지를 만들어낸다. 작은 전장인 스포츠를 확대해서 생각한다면 전쟁의 승패가 이와 다를 바가 없다. 개별 전투의 승패에 일희일비함이 없이 마지막 휘슬이 울리기 전까지, 상대의 허점을 찾아내는 그 순간까지 승부를 포기해서는 안 된다.

# 배를 불사르라

● 　　　스페인의 에르난 코르테스<sup>Hernan Cortez</sup>(1485~1547)가 아스텍족<sup>Aztec</sup>을 물리치고 지금의 멕시코 지역을 정복할 때의 얘기이다. 코르테스는 열아홉의 나이로 쿠바로 건너가 관리로 일하기 시작했고, 그 뒤 10년에 걸쳐 진급을 거듭하여 쿠바 총독의 재무담당자가 되었다.

그는 아스텍족이 지배하는 황금이 넘쳐나는 제국, 지금의 멕시코 땅을 정복하기 위해 기회를 엿보고 있었다. 마침내 기회가 찾아왔다. 1518년 쿠바 총독 디에고 벨라스케스 데 케야르Diego Velázquez de Cuéllar가 그를 멕시코 원정대 지휘관으로 임명했던 것이다. 주어진 임무는 먼저 떠난 탐험가의 소식을 알아내고 금을 찾아내어 정복을 위한 토대를 다지라는 것이었다. 하지만 벨라스케스 역시 야심이 큰 인물로서 정복사업의 완수는 자신이 직접 하기를 원했다. 자신이 통제할 수 있는 지휘관을 원했던 그는 얼마 가지 않아 코르테스를 의심하게 된다. 이에 코르테스는 총독이 결정을 뒤집기 전에 먼저 행동에 옮겼다. 한밤중에 11척의 배와, 530여 명의 원정대원, 석궁 30명, 화승총 12명, 대포 14문, 말 16필을 싣고 쿠바를 빠져나온다.

코르테스는 1519년 3월 멕시코 동부 해안에 도달했다. 그들은 그곳에 베라크루스Veracruz 마을을 건립했다. 그리고 황금이 풍부한 아스텍 왕국을 점령하기로 결정한다. 원정군이 500명밖에 되지 않았던 코르테스의 첫 번째 전략은 우선 동맹군을 얻는 것이었다. 먼저 아스텍족에게 조공을 바치며 사이가 좋지 못했던 부족들을 부추겨 동맹을 결성했다. 다음 전략은 아스텍족의 왕 몬테수마Montezuma를 사로잡는 일이었다.

그러나 원정대는 포로들을 무참히 죽이고 인육까지 먹는 것으로 알려진 아스텍족에 대해 두려움을 가지고 있었다. 500명을 이끌고 50만 아스텍인에 대적하려는 것은 누가보아도 무모해 보였다. 더욱이 500명의 병사들 속에는 쿠바 총독 벨라스케스가 첩자로 심어둔

자들이 섞여 있어 코르테스가 하는 일마다 걸림돌이었다.

코르테스는 뇌물, 회유, 감시 등을 통해 원정대를 관리해가며 신뢰관계를 구축해가고 있었다. 그러던 어느 날 밤 선원 하나가 코르테스의 잠을 깨웠다. 그는 코르테스에게 음모자들이 선박을 탈취해서 쿠바 총독 벨라스케스에게 돌아가 코르테스가 최초 명령을 어기고 스스로 아스텍을 정복하려는 배신행위를 일러바치려 한다고 고했다.

코르테스는 이번이야말로 결정적인 순간임을 직감했다. 그는 그 모의를 쉽게 진압할 수 있었지만, 신중히 다룰 필요가 있었다. 쿠바의 안락함으로 돌아가고자 하는 원정대를 데리고 어떻게 아스텍을 정복할 것인가? 고심 끝에 그는 신속하게 행동에 옮겼다. 먼저 주모자 둘을 잡아 교수형에 처했다. 다음으로 배의 조타수에게 뇌물을 주어서 모든 선박에 구멍을 뚫게 한 뒤, 선박의 갑판을 벌레가 쏠아버려서 항해 불가상태가 되었다고 공표하게 했다.

코르테스도 이 소식에 충격을 받은 듯해 보였고, 병사들도 의심없이 믿었다. 그런데 조타수들이 뚫은 구멍이 작았던 탓으로 처음에는 11척 중 5척만 가라앉았고 며칠 후에야 한 척만 남겨두고 나머지 모두 물속에 가라앉았다. 그제야 병사들은 이 모든 것을 코르테스가 꾸몄음을 알고 살벌한 분위기로 웅성거리기 시작했다. 코르테스는 이런 부하들에게 다음과 같이 연설을 했다.

본인에게 이 재앙에 대한 책임이 있다. 인정하겠다. 내가 그것을 명했으나 이제는 돌이킬 수 없는 일이다. 자네들은 나를 목매달 수 있지만, 적의에 찬 인디언들에게 둘러싸여 있는데다가 돌아갈 선박마저 없다. 분열되고 지도자도 없다면 자네들은 분명 이곳에서 죽음을 맞게 될 것이다. 유일한 대안은 나를 따라 테노치티틀란Tenochtitlan으로 가는 것이다. 아스텍을 정복하고 멕시코의 지배자가 되어야만, 살아서 쿠바로 돌아갈 수 있다. 테노치티틀란에 당도하기 위해 우리는 단결해야 하고 맹렬하게 싸워야 한다. 아니면 패배와 끔직한 죽음의 나락에 빠질 것이다. 상황은 어렵겠지만, 그대들이 필사적으로 싸워준다면 내가 그대들을 승리로 이끌 것임을 약속한다. 원정대는 수적으로 적기 때문에, 그만큼 거둬들일 영광과 재산은 더욱 커질 것이다. 이 도전을 감당 못할 겁쟁이들은 남아있는 선박을 타고 집으로 돌아가도 좋다. •

코르테스의 명연설은 원정대의 마음을 움직였고, 이제 마지막 배마저 불에 타 가라앉았다. 이제 불평불만과 이기심과 탐욕은 모두 사라졌고, 위험을 공감한 그들은 무자비하게 싸웠다. 타고 온 배들을 모두 침몰시키고 약 2년이 지난 후, 동맹군들과 함께 코르테스의 원정대는 테노치티틀란을 포위하고 아스텍 제국 황제 몬테수마 2세

---

• 로버트 그린, 안진환·이수경 역, 『전쟁의 기술』(서울: 웅진 지식하우스, 2009), p.82.

코르테스는 원정 성공을 위해 돌아갈 배를 스스로 불태웠다. (CC BY-SA / Alejandro Linares Garcia)

의 항복을 받고 정복에 성공했다.

원정대가 타고 온 11척의 배는 쿠바로 돌아갈 수 있는 유일한 수단이면서 상황이 틀어지면 기댈 수 있는 마지막 버팀목이었다. 한쪽 발은 배 위에 두고 나머지 발로만 코르테스를 쫓고 있었으니 제대로 일이 될 수가 없었다. 코르테스는 그런 부하들을 절박한 상황에 밀어 넣음으로써 치열하게 현실에서 싸우도록 만들었다. 이런 위기감은 힘을 배가하고 강한 추진력을 부여한다. 절박감은 힘을 배가하여 단순한 '숫자의 합' 이상의 힘을 발휘하게 했다.

현실 속에 뿌리를 깊게 내리고, 더 이상 물러설 곳이 없다는 절박감을 가지고 현실의 문제를 해결하려고 해야 한다. 절체절명의 순간으로 자신을 밀어 넣지 않고 마음 한구석에 탈출구와 버팀목, 일이 제대로 풀리지 않을 때를 대비하여 들어둔 보험을 떠올린다면 결코 현실에서 최대의 역량을 발휘할 수가 없다. 여전히 선택할 수 있는 옵션이 남아있는 상태로는 현실의 일에 열중할 수 없고 원하는 바를 얻을 수 없다.

가끔씩은 타고 돌아갈 배를 스스로 수장시키거나 불태워버리고 현실의 문제에 대해 성공과 실패만을 남겨두어야 한다. 이 문제를 풀다가 안 되면 다른 문제로 옮겨가는 환경에서는 결코 현재의 문제에 대해 최선을 쏟아붓지 않는다. 우리는 현재의 임무를 완수하기 위해 절박해질 필요가 있다.


# 배수진

### ◆ 한신의 배수진

장병들은 전장에서 죽을 상황에 처하면 목숨을 걸고 용감하게 싸워 스스로 활로를 개척하고 반전의 호기를 만들어 낸다. 위기에 처하면 죽을힘을 다하여 용감히 싸워 위기에서 벗어날 뿐만 아니라 승기를 얻기까지 한다. 즉, 강을 등지고 진을 쳐 도망갈 곳 없는 상태에 처하면 모두가 한 마음으로 사력을 다해 싸우게 되는 것이다.

한나라의 명장 한신韓信(기원전 230~196) 장군이 조나라와 싸울 때 군사 1만 명으로 조나라 20만 명을 대적했다. 물리적 전력으로는 대적할 수 없는 상대였으나 황하를 등지고 죽기로 싸워 조나라 20만 명을 멸하고 승리했다. 한신은 우선 야음을 틈타 기병 약 2,000명을 조나라 성곽 뒤에 잠복시켰다. 다음 날 아침, 주력으로 하여금 조나라의 성벽을 공격시켰다. 주력이라고 해야 8,000명 남짓한 한나라 군사들의 공격에 조나라 진영에서는 한신을 비웃었다.

조나라 군은 성에서 나와 한신의 군사를 전멸시키고자 전 병력을 동원하여 반격해왔다. 이에 한신은 본진을 의도적으로 후퇴시키면서 황하에 이르러 강을 등지고 진영을 갖추었다. 한나라 군사들은 도망칠 수도 없었으니 살아남기 위해서는 전원이 일심동체가 되어 죽을 것을 각오하고 싸울 수밖에 없었다. 이와 동시에 조나라 군이 성에서 모두 나와 한나라 군을 추격하기 시작한 때를 이용하여 한나라의 매복부대가 조나라의 성을 점령해 버렸다. 결국 조나라 군사들은 한나라 군이 배수진을 치고 죽을 각오로 싸우는 전방의 부대와 성을 점령하고 협공을 해오는 후방부대의 협공을 받아서 전멸하고 말았다. 싸움이 끝난 후 한신은 다음과 같이 말했다.

병법에 의하면 궁지에 몰리면 비로소 활로가 열린다고 하지 않았소. 우리의 병사들은 갑자기 편성했기 때문에 제대로 훈련받지 못했소.

오합지졸인 그들을 안전한 장소에서 싸우게 했다면 아마도 모두 도망쳐 버렸을 것이오. 궁지로 몰렸을 때 죽음을 무릅쓰고 싸울 수 있었던 것이오.•

---

### ◆ 신립의 배수진

임진왜란 초기에 또 하나의 배수진이 있었으니, 신립申砬(1546~1592) 장군이 이끄는 8,000명 군사들이 충주 탄금대에서 펼친 전투이다. 부산포에 상륙한 왜군이 물밀 듯이 한양을 향해 북상하는 가운데 신립 장군이 삼도순변사가 되어 가용한 예비를 이끌고 대적에 나섰다. 충주에 도착하였을 때 부하 장수 김여물이 신립에게 새재(조령鳥嶺)를 지킬 것을 건의했다. 새재는 산악 협로이니 이를 지키면 강한 왜적이라도 능히 지킬 수 있다고 주장했다. 하지만 신립 장군은 이에 반해 왜적은 보병이고 우리 편은 기병이니 넓은 들판으로 유인해서 적을 무찔러야 한다고 주장하며 달천達川을 등지고 탄금대에서 배수진을 쳤다. 여기에는 북방에서 기병을 통해 대승을 거두었던 경험이 작용한 탓이다. 그 뒤에도 김여물이 산악험지에 진을 치고 공격하여 오는 적을 내려다보면서 활을 사용하는 방책을 재차 건의했으나 신립은 듣지 않았다.

1592년 4월 28일 고니시 유키나가小西行長가 지휘하는 대규모 병

---

• 김종환, 『책략』(서울: 신서원, 2000), p.423

지략
166

력이 충주에 당도했다. 일부는 산을 넘어 깊숙이 진출해왔고, 일부는 달천을 따라 침입하였으며, 일부는 방비가 허술한 충주성에 침입했다. 양쪽에서 협공을 당한 조선의 군사들은 목숨을 구하려고 포위망을 뚫고자 돌격해나가다가 조총에 의해 사살되거나 일부는 달천에 빠져 죽었으며 전투에서 패하고 말았다.

후일 명나라 구원군을 이끌고 온 이여송李如松이 새재를 지나면서 새재의 지형적 이점을 활용 못한 신립의 용병술을 한탄했다. 신립은 새재의 지형적 이점도 이용하지 못했을 뿐만 아니라 한신 장군이 활용한 배수진의 정수에 대해서도 제대로 알지 못한 채 무모하게 배수진을 쳐 아까운 목숨들을 잃고 나라를 위태롭게 했다.

한신과 신립의 예에서 보듯 배수진은 대안이 없는 현실을 직시하고 죽음을 각오로 싸울 때에 승수효과를 발휘하며, 배수의 위험에서 벗어나려는 심리가 작용하게 된다면 오히려 화가 된다. 그러한 까닭에 배수진을 친 적과 싸울 때는 완전히 포위하기보다는 몇 척의 배를 몰래 제공한다든지 탈출로를 일부 열어주어 적이 도망가려는 혼란한 틈을 이용하여 적을 공격하는 것이 유리하다.

# 무덕, 대담성, 끈기

● 　　클라우제비츠는 저서 『전쟁론Vom Kriege』에서 정신적
요소들의 온전한 가치를 인정하고 계산적 사고를 수용할 것을 주장
했다. 이는 19세기 초 정신적·심리적 요소가 전쟁이론의 새로운 주
제로 등장하게 하는 중요한 계기가 되었다.

클라우제비츠에 의하면 지휘관이 재능과 더불어 갖추어야 할 주
요 정신능력은 무덕武德, Military Virtue of the Army, 즉 군인으로서 갖추어야
할 위엄과 덕망, 국민정신National Feeling이다. 이들 요소 중 어떤 것도
경시하지 않아야 한다.

'군의 무덕'이란 용감성이 필수요소이나, 전쟁 자체에 대한 열정
과는 다르다. 용감성은 인간의 천부적 자질이지만 군인의 용감성은
습관과 연습을 통해 계발할 수 있다. 따라서 군인의 용감성은 민간
의 용감성과는 다르다. 진정한 군인의 용기는 내제된 무절제한 행위
와 폭력 욕구를 버리고 복종, 질서, 규칙, 방법 등의 고차원적 요구에
순응해야 한다. 또한 전쟁에 대한 열정은 군의 무덕에 생명력을 불
어넣지만 무덕의 필수적인 구성요소는 아니다.

지휘관이 모든 부분을 다 지도할 수 없기에 부하들의 군인정신,
무덕에 의존해야 한다. 상비군과의 전쟁에서보다 국민군, 게릴라, 폭
동세력 등과 싸울 때 개별 군인들의 무덕은 더욱 필요하다. 이러한
정신은 불행과 패배라는 거대한 폭풍우도 극복할 것이며, 심지어 평
화시대의 타성도 극복할 것이다. 그러므로 이러한 정신은 적어도 몇

세대 동안, 또는 평범한 야전사령관 휘하에서도 오랜 평화 기간 동안 유지될 수는 있지만, 이러한 정신의 탄생은 전쟁에서 위대한 지휘관 휘하에서만 이루어진다고 볼 수 있다. 어느 정도의 엄정한 군기와 근무 질서는 군의 무덕을 오래 유지시켜주지만 무덕을 창출할 수는 없다.

더불어 클라우제비츠는 무덕을 개발하지 않고도 탁월하게 싸울 수 있다고 말한다. 무덕의 조력에 특별히 의존하지 않고도 승리할 수 있다. 따라서 무덕 없이 전쟁의 승리를 생각할 수 없다고 주장해서는 곤란하다. 개별 군인들의 무덕이 부족하다면 지휘관의 천재성에 의한 조심스런 지휘통솔력이 부대를 승리로 이끌 수 있으며 승리와 노력을 거듭하는 가운데 무덕을 축적할 수 있다. 따라서 군의 무덕은 지휘관의 재능에 의해 보완할 수 있기에 승리에 절대적이지는 않지만, 궁극적으로는 지휘관의 지도력이 모두 미칠 수 없기에 무덕을 기르고 축적해야만 하는 것이다.

이어서 전쟁론에서 대담성과 끈기의 덕목을 중요한 정신적 요소로 제기하고 있다. 대담성은 무기가 예리함과 광채를 띠도록 해주는 진정한 강철이다. 대담성은 진정한 창조적 힘이며, 두려움과 맞설 때 성공의 확률을 높게 한다. 그러나 대담성은 사려 깊은 신중함과 맞서게 되면 불리하다. 왜냐하면 사려 깊은 신중함은 대담성 못지않게 대담하고 항상 강하고 굳건하기 때문이다. 맹목적인 대담성은 이성의 조력 없이 감성의 힘에 의한 하나의 열정이다. 확률의 법칙을 어설프게 위반하면서 전쟁의 본질과 대립하는 모험이어서는 안 된다.

명석한 사고력이 개입하고 정신력이 지배하면 모든 감성으로부터 대부분의 폭력이 제거된다. 그렇기 때문에 직위가 높아질수록 대담성은 점점 더 드물게 나타난다. 고급지휘관 직위로 올라갈수록 우리의 행동은 정신·이성·통찰력에 지배를 받게 되므로 감성의 한 가지 요소인 대담성은 더욱 위축된다. 따라서 최고지휘관의 대담성은 드물게 발견되기 때문에 일단 발휘되면 놀라운 가치를 지닌다. 우월한 정신에 의해 관리되는 대담성은 영웅의 상징이다.

위험과 책임이 도처에서 압박을 가하는 상황이라면 평범한 인간은 통찰력을 잃게 되며, 설혹 타인의 도움을 받아 통찰력을 유지할지라도 결단력을 발휘하지 못한다. 왜냐하면 아무도 그의 결단력에 도움을 줄 수 없기 때문이다. 그러므로 대담성을 갖추지 못한 탁월한 야전지휘관은 있을 수 없다. 즉 이러한 기질적 힘을 타고 나지 못한 인간은 결코 탁월한 야전지휘관이 될 수 없다. 야전지휘관은 통찰이라는 이성의 조력을 받으면서도 위험과 압박을 떨쳐 일어나는 결단력에서 비롯한 대담성을 갖추어야 한다.

세상의 어떤 분야보다도 전쟁의 영역에서는 사물과 현상에 가까이 갈수록, 시간이 지날수록 처음 보았던 것과는 다르게 나타나게 된다. 전쟁에서 대부분 지휘관은 허위 첩보와 진실의 파도를 비롯하여, 공포·경솔함·성급함 등으로 인한 오류의 파도, 바른 견해 또는 그릇된 견해, 사악한 의지, 참된 의무감 또는 거짓된 의무감, 태만과 소진 등에서 연유된 반항 심리의 파도, 아무도 예상치 못했던 우연의 파도 등 끊임없는 파도 속에 놓이게 된다.

오랜 전쟁경험은 개별 현상에 대한 신속한 분별력, 현실의 어려움에 대항하여 최초의 의도를 지키는 끈기를 갖게 한다. 이 끈기는 최초의 의도에 따라 임무를 완수하는데 필수적인 요소이며, 지휘관은 현실의 어려움에 굴복하지 않는 끈기, 즉 위대한 의지력으로 목표까지 도달해야 한다. 이러한 전쟁경험은 직접적인 것뿐만 아니라 오랜 전쟁사의 기록을 읽고 깊이 사고함으로부터 축적되는 간접경험까지 포함한다.

군인들은 클라우제비츠가 강조한 군의 무덕, 대담성, 끈기를 정교한 훈련을 통해 함양해야 하며, 고급지휘관으로 올라갈수록 이들 요소가 조화를 이루어야 한다. 이러한 요소들은 전장에서 전장의 마찰을 극복하고 임무를 완수하게 하는 의지와 직결된다.


# 절체절명 絶體絶命

● 　　　　선택 가능한 옵션들은 많지만, 어느 것이 족히 나아 보이지 않고 통 감이 잡히지 않을 때 쉽게 결정을 내리지 못하는 경우가 있다. 또한 선택을 해야 하는 순간을 피하고 싶을 때 시간을 낭비하기도 한다. 하지만 제때 이루어진 부족한 선택이 시기를 상실한 선택보다 훨씬 나은 것임을 알아야 한다.

지휘관의 결심뿐만 아니라 전투원의 전투행동도 마찬가지다. 절실함이 없는 태도는 일상의 반복된 행동에서 얻어지는 경우가 많다.

일정한 방어선을 형성하여 진지 속에 몸을 숨기고 적을 기다리다가도, 방어선을 우회하여 침투한 소수의 적 부대가 출몰하거나 후방에서 총성 몇 발이 들리면 방어선이 허물어지는 사례는 얼마든지 찾아볼 수 있다. 짐 하우스만James Harry Hausman은 『한국 대통령을 움직인 미군대위』에서 이렇게 증언했다.

안동 전투에서 김석원이 지휘하는 수도사단의 최일선 대대장이 후방으로 도망가 버렸다. 그자가 도망갈 때 '전선 이상 없음'이라고 상황보고를 계속했기 때문에 전선이 그대로인 줄 알고 있었다. 간격을 이용하여 북한군이 사단사령부가 있는 곳까지 기습 공격함으로써 사단사령부가 일시에 녹았다. 김석원 사단장이 그 대대장을 찾아 즉결처분하려고 했으나 찾지 못했는데 후일 뇌물을 누구에게 어떻게 먹였는지 육본 어느 요직에 버티고 있어 통탄했다.•

일상 속에서 시간이 많을 때는 막상 선택을 미루며 시간만 낭비하다가 기한이 옥죄어 오는 순간 놀라운 집중력과 추진력으로 건실한 산물을 도출한 경험이 있을 것이다. 전장에서도 마찬가지다. 버겁지만 벗어날 여지가 없는 채로 책임을 맡게 되면 놀라운 투지와 전투

---

• 짐 하우스만, 정일화 역, 『한국 대통령을 움직인 미군대위』(서울: 한국문원, 1995), p.276.

력을 만들어낸다. 놀랍게도 위기감은 우리에게 대단한 활력과 생기를 불어넣는다. 코르테스가 타고 돌아갈 배를 불태워 전의가 부족한 부하들에게 다 함께 아스텍을 정복하는 길 밖에는 없음을 인식하도록 한 것과 같다.

군사지휘관들은 전장리더십에 대해 오래도록 고민해왔다. 어떻게 하면 병사들에게 동기를 부여하여 좀 더 공격적이고 필사적으로 싸우게 할 수 있을까? 어떤 장수들은 강렬한 웅변에 의존했고 그중 일부는 성공을 거두기도 했다. 그러나 연설은 지속적인 효과를 내기에는 부족하다.

손자는 『손자병법』구지편九地篇에서 '사지死地'라는 개념을 제시했다.

---

신속하게 싸우면 살지만, 서둘러 싸우지 않으면 죽게 되는 곳을 사지라 한다(疾戰則存, 不疾戰則亡者. 爲死地).

망지에 던진 후에야 존재할 수 있고, 사지에 빠뜨린 후에야 살아남을 수 있으니, 무릇 병사들은 해로운(위험한) 처지에 빠진 후에야 승패를 결할 수 있다(投之亡地然後存, 陷之死地然後生, 夫衆陷於害, 然後能爲勝敗).

---

사지란 군대가 산이나 강, 숲처럼 탈출로가 없는 험지를 등지고 있는 지형을 말한다. 퇴각할 길이 없을 때 군대는 그렇지 않은 지형에서보다 곱절 이상의 기세로 싸우게 된다. 죽음을 목전에 두고 있

음을 뼛속 깊이 느끼기 때문이다. 손자는 병사들을 사지에 배치하여 그들이 악마처럼 싸우도록 몰아붙여야 한다고 말하고 있다. 이것은 적개심과 생존을 향한 전투의지를 불러일으키는 확실한 방법이다.

이러한 물리적인 사지는 매우 제한적으로 존재한다. 좀 더 확대하여 생각해보면, 달리 선택할 수 있는 여지가 남아있지 않는 경우, 눈앞에 적들이 몰려오듯 뭔가를 결정해야 할 마감시간이 눈앞에 닥쳐오는 순간, 실패를 선언하는 순간에 들려올 적이나 경쟁자들의 웃음소리가 귓전에 맴도는 그 순간이 바로 사지다. 즉 사지란 물리적으로 물러설 수 없는 지형에만 한정되지 않고, 더 이상 선택의 여지가 없다고 느끼는 상황이라고 할 수 있다.

사람은 변화를 감지하지 못하고, 결단해야 할 순간이 산그늘 같이 다가섰다가 일순간 멀어져가는 것을 알아채지 못하기가 쉽다. 또한 치즈 창고에서 치즈가 조금씩 줄어들어 가고 있는 것을 알아차렸다고 해도 다시금 채워질 것이라는 막연한 기대감, 조금씩 줄어드는 현실에 대한 심리적 적응상태 등에 놓일 수도 있다. 이러한 상태에 놓이면 우리에게는 도전의식도 사라지고, 위기의식은 어디에도 찾아보기 어려운 상태에 놓이게 된다.

이러한 몽롱한 의식 상태에서 벗어나 들끓는 에너지로 위험에 대응하고 정신을 집중시키며 긴박감으로 힘을 불어넣고 시간에 대한 행동밀도를 높여가야 한다. 외부로부터 주어지는 사지가 아니라 자기 스스로가 삶의 매순간 자신을 깨우며 절박감을 가져야 한다.

# 와신상담<sup>臥薪嘗膽</sup>

● 　　　활어를 장거리 운송할 때 온도를 낮추어 동면에 빠지게 하거나 순간 기절시키는 방법 등이 동원되지만, 간단하게는 천적물고기를 넣기도 한다. 물고기들은 그 천적에 대한 두려움 때문에 이리저리 피하면서 오래도록 생명을 유지하게 된다.

총알이 빗발치는 전장에서도 사람은 적응한다. 반복되는 상황은 사람의 정신에 몽롱함<sup>fatigue</sup>을 가져와 육체적 무력함까지 초래한다. 이런 심리적·육체적 무력감에 접어든다면 전장에서는 곧 죽음을 의미하며, 부대에게도 패배의 그림자가 짙게 드리우게 된다. 삶에서도 마찬가지로 일상의 반복에 익숙해지는 순간이 가장 위험한 때이다.

춘추전국시대에 오<sup>吳</sup>나라와 월<sup>越</sup>나라는 사이가 좋지 않았다. 오나라의 왕 합려<sup>闔閭</sup>가 월나라를 침공했다가 부상의 후유증으로 운명을 하게 된다. 이때 그의 아들 부차<sup>夫差</sup>에게 국력을 키워서 원수를 갚으라고 유언을 한다. 아버지의 뒤를 이어 왕위에 오른 부차는 섶에서 잠을 자며<sup>臥薪</sup> 정신무장을 했다. 후일 국력을 키운 부차가 월나라를 치자, 월왕 구천<sup>句踐</sup>은 간신히 목숨을 부지하고 월나라는 오나라의 속국이 된다. 오나라에 패배한 구천은 그 후 쓸개를 걸어 놓고 핥으며<sup>嘗膽</sup> 정신자세를 가다듬었다. 이렇게 노력한 결과 이번에는 월나라가 승자가 되었다.

부차나 구천이 승리를 쟁취할 수 있었던 것은 자신에게 뼈저린 아픔을 가져다 준 적을 잊지 않으려는 노력에서였다. 일상 가운데 무

**의지**-배수진을 쳐라

려질 결의와 각오를 매순간 다지기 위해 불편한 잠자리에서 잠을 자며 긴장을 늦추지 않았고, 곰의 쓸개를 핥으며 오직 자신을 일깨워 적을 떠올렸기에 가능했다. 여기에서 와신상담卧薪嘗膽이라는 고사성어가 생겨났다.

반면에 적들은 상대의 긴장감을 누그러트리기 위해 갖은 노력을 다한다. 그 적들은 점진적 변화, 일상의 반복이라는 가장 무서운 도구를 포함하여 인위적인 기만책을 통해 우리의 긴장을 늦추게 한다.

예를 들어 오왕 부차에게 패하여 사로잡힌 월왕 구천은 부차의 신하가 되어 말을 길렀고, 자기 아내는 부차에게 첩으로 바쳤다. 또한 봄과 가을에 공물을 바치는 한편, 백성들을 동원해 오나라의 부역을 담당하도록 했다. 전쟁터에서는 스스로 선봉장이 되기를 자청했고, 부차에게 병이 있는지 알아본다며 그의 인분을 입으로 핥기까지 했다. 그러니 어찌 그가 배신할 것이라 생각했겠는가? 결국 구천은 군사를 동원하여 간수干※에서 부차를 사로잡아 죽이고 오나라를 점령해 버렸다. 구천은 겨우 3,000명의 병력으로 부차의 70만 명의 병력을 격파하고 나라를 통합했다.

일상이나 전장에서 우리 적들이 펼칠 기만책에도 불구하고 무딘 감각과 환경에 대한 동화를 막아 우리의 적을 잊지 않고 목표를 상실하지 않기 위한 자신만의 신薪과 담膽을 찾아 늘 가까이 두어야 한다. 절체절명의 순간에 자신을 내던질 수 있을 때 우리는 일상적 수준을 넘어선 최선의 결과를 만들어 낼 수 있다.

# 마이너스 사고

## ◆ 가장 위험한 방책을 전제하라

사람은 상황을 자기에게 유리하게 생각하려는 경향이 있다. 마치 적이 오지 않거나 오더라도 내가 준비한 시간, 장소, 방법으로 올 것처럼 믿고 싶은 충동이 초기에 일어나다가 어느 순간이 되면 마치 사실처럼 믿고 있는 자신을 발견하게 된다. 이때부터는 이미 받아들여 인식한 최초 상황을 다각적으로 생각하는 것을 거부하고, 최초 상황에서 상황변화를 감지하는 것도 어렵게 만든다.

그래서 손자는 이러함을 일깨우기 위해 『손자병법』 구변편九變篇에서 다음과 같이 말하고 있다.

---

적이 오지 않기를 기대하지 말고, 적이 올 것에 대비하여 힘을 키워야 하며, 적이 공격하지 않으리라 바라지 말고, 적이 감히 공격하지 못할 만큼 내가 준비하고 있음을 믿어야 한다(無恃其不來, 恃吾有以待也 無恃其不攻, 恃吾有所不可攻也).

---

적이 오지 않으리라, 적이 공격하지 않으리라는 것을 믿고 싶은 충동을 떨쳐버려야 한다. 적은 언제든지 내가 예상하지 못한 방법으로 도발해올 것임을 믿고 상시 전투준비태세를 갖추어야 한다는 점

을 손자는 역설하고 있다.

적의 외형적인 태도에 어떠한 변화가 내비치더라도 적의 근본적인 의도를 잊지 않고 새기며, 적의 공격에 대비하여 긴장을 늦추지 말아야 한다.

## ◆ 패배의 수치심

사람은 사회적 동물이다. 조직사회에서 패배자로 낙인찍히거나 낙오자가 되는 것은 죽음보다도 피하고 싶은 것이 사람의 특징이다. 전장에서 패배의 수치심은 행동의 또 하나의 동기가 된다.

기원전 58년 카이사르가 로마군을 이끌고 갈리아 정복에 나섰다. 하지만 카이사르는 병사들의 사기가 현저하게 가라앉았음을 알아차렸다. 갈리아 땅에 있는 게르만족이 엄청난 대군인데다가 포로를 매우 잔혹하게 다룬다는 소문이 군영 내에 파다했다. 사태의 심각성을 알아차린 카이사르는 소문의 진원지를 파악하여 소문을 퍼뜨린 일부 병사들을 즉시 체포해 사형에 처했다. 그런 다음 헛소문에도 절대 동요하지 않을 10만 명만 데리고 원정에 나서겠다고 공표했다. "겁쟁이들은 조국의 영광을 위해 싸울 자격이 없다." 카이사르의 이 한마디에 병사들은 그간의 두려움과 주저함에 지극한 수치심을 느꼈다. 그들은 다시 곧 카이사르에게 나아가 자신의 나약함을 반성하고, 위대한 로마병사로서 부끄럽지 않도록 싸울 기회를 달라고 간청하기에 이른다. 상황이 여기에 이르자 카이사르는 못이기는 척 그들의 간청을 들어줬다. 그 결과로 로마군 사상 처음으로 갈리아 원정을 성공적으로 마무리할 수 있었다.

　집단심리라는 것은 이렇듯 쉬이 뭉치기도 하고 쉬이 흩어져 걷잡을 수 없게 되기도 한다. 지휘관은 이러한 조직 내의 흐름을 간파하고 시의적절한 처방을 내릴 수 있어야 한다. 물론 예방적 처방이 더 효율적이다.


# 되새김

●　　　　　전쟁에 대한 심리학적인 접근이 학문적으로 언급된 것은 그리 오래되지 않지만, 의지의 중요성에 대한 인식은 전쟁과 그 역사를 같이한다. 물리적 전투력을 향상시키는 만큼이나 무형적 전투력인 의지를 관리하는 것이 중요하다.

　전쟁을 수행함에 있어서 물러날 곳이 없는 절박감에 처하면 우리는 엄청난 능력을 발휘할 수 있는 전제를 갖추게 된다. 그것이 물리적인 배수진이든, 선택 가능한 대안이 없는 불가피한 상황이든 절체절명의 순간으로 자신을 몰아갈 수 있다면 놀라운 능력을 발휘할 수 있을 것이다.

　사람은 환경에 쉽게 영향을 받기에 이런 절박감도 시간의 흐름 속에서 쉽게 엷어지게 마련이다. 그렇지 않기 위해 부차와 구천의 신薪과 담膽처럼 늘 가까이 두고 적을 잊지 않을 무언가를 준비해야 한다. 그리고 믿고 싶은 것을 믿으려 하지 말고 적의 가장 위험한 방책을 예상하여 대비한다면 그 어떤 위협에서도 융통성을 갖게 될 것이며, 적의 과오를 포착하여 전기를 마련할 수 있을 것이다. 해이해지려는 자신과 부대에게 패배의 수치심을 늘 상기시켜야 한다. 패배와 승리의 갈림길은 숲속 오솔길처럼 아주 평이하게 우리 곁을 지나쳐 간다. 이 갈림길에서 수치심에 대한 깨어있는 정신이 있다면 호기를 놓치지 않고 붙들어 승리로 가는 길로 접어들 수 있을 것이다.

　반대로 적으로 하여금 절박감으로부터는 거리가 멀어져서 마치 필요로 하는 시간과 자원을 다 가진 양 느끼도록 해야 한다. 당신의 투지를 날카롭게 가다듬는 동안, 그들의 투지를 무디게 만들 수 있도록 하라. 그래서 『손자병법』 군쟁편軍爭篇에서는 적을 너무 몰아세우지 말라고 했다.

---

고향으로 돌아가려고 하면 길을 막지 말고, 적을 포위했을 때는 반드시 도망갈 구멍을 터주고, 궁지에 몰린 적을 너무 핍박하지 말아야 한다 (歸師勿遏, 圍師必闕, 窮寇勿迫).

---

# 07

# 독단

## 승리를 전제하라

· · ·

최초 명령이 더 이상 유효하지 않은 가운데 명령이나 지시를 받아 임무를 수행할 수 없는 상황에서 하급제대는 상급지휘관의 의도에 부합하고 임무달성에 기여하는 독단 활용능력을 갖추어야 한다. 이러한 자주성이 칭송받기 위해서는 궁극적으로 성공적이어야 한다. 임무이탈을 허용할 수 있는 상급지휘관의 아량이 필요하지만, 임무 실패의 책임은 오롯이 해당지휘관의 몫이다. 독단이 무모하지 않도록 식견을 갖추고 개념을 일치시켜야 한다.

# 독단의 필요성

● 　　　　때늦은 결심에서 발생하는 기회비용과 제때 결심을
했지만 최선이 아닌 차선을 선택했을 때 발생하는 기회비용 중에서
어느 것이 클까? 상황에 따라 차이는 있지만, 일반적으로 결심을 지
연함으로써 발생한 기회비용이 훨씬 클뿐더러 회복하는 것도 극히
어렵다. 결심을 미룬 지휘관이 상실한 '시간'은 현대 과학으로도 되
돌릴 수 없기 때문이다. 나폴레옹은 전장에서 상대적인 시간을 늘
소중하게 생각했다.

한 사람의 유능한 장군이 모든 전장을 직접 지휘할 수 없으며, 최
초 수립한 계획대로만 움직여 최종 승리를 달성할 수도 없다. 신이
세상 모든 곳에 존재할 수 없어 어머니를 만들었다는 말처럼 한 지
휘관이 모든 곳에 존재할 수 없기에 예하부대에 자신의 작전의도를
명확히 밝혀두는 것이 중요하다. 작전의도는 최초 계획대로 임무를
수행할 수 없는 상황변화 속에서 추가 명령이나 지시를 받아 지휘할
수 없는 경우에 나침판 같이 길을 안내할 수 있다.

예하지휘관은 고립무원의 상황에서 호기를 포착하면 무엇을 행해야 하는가? 제2차 세계대전 초기 서부전역에서 프랑스군의 스당 Sedan 돌파구에 대한 역습 사례를 살펴보자. 연합군 방어선에 최초로 형성된 돌파구는 스당 일대로 한정된 작은 규모였다. 스당 돌파구에 대한 역습 책임은 프랑스 제55보병사단장 라퐁텐Pierre Lafontaine 장군에게 위임되었다. 라퐁텐은 군단 예비 2개 보병연대와 2개 전차대대를 할당받았으나 군단으로부터 서식명령을 수령하기 전에는 역습을 시행할 수 없다고 고집하며 무려 9시간이나 흘려보냈다. 하지만 우여곡절 끝에 받아든 역습작전명령은 그 지역에서 수없이 반복했던 훈련명령과 동일한 것이었다. 이미 스당 일대를 돌파한 독일군이 종심지역으로 돌파구를 확장하기 시작한 이후였다. 이에 반해 독일군은 전장에서 시의적절한 명령을 받지 못한 상황에서도 상급지휘관의 의도에 부합하게 작전을 수행할 수 있도록 훈련되었다.

오늘날 각종 데이터 전송수단을 통해 전장을 가시화하면서 상하제대가 실시간 전장을 거의 동시에 보게 되었다. 이로써 상급제대는 마치 전장상황을 속속들이 다 알고 있다는 착각에 빠져든다. 그래서 현장제대의 판단에 대해 도가 지나친 훈수를 두거나 과정상의 어떤 지체에 대해서 인내심을 갖기가 어려운 환경이다. 또한 데이터 전송수단의 발달만큼이나 빨라진 의사결정주기는 현장지휘관의 독단운용을 더욱 필요하게 만들었다. 즉 적보다 빠른 작전반응속도를 달성하기 위한 독단이 요구된다.

최근에 적 도발에 대응한 군사작전을 스포츠 중계식으로 실시간

방송하는 현실은 군사작전에 대한 과도한 참견을 가져오고 있다. 언론에 의해 작전의도가 과도하게 공개되거나 매도되기도 한다. 군사작전에서 일어날 수 있는 단순한 과오가 번번이 논쟁거리가 되지 않도록, 군사작전의 독립성을 보장하는 것이 필요하다.

# 작전적 돌파:
## 구데리안과 롬멜

● 　　　칼 하인츠 프리저Karl-Heinz Frieser가 쓴 『전격전의 전설(원제 Blitzkrieg-Legende)』은 1940년 독일군이 수행한 서부전역을 특징짓는 '전격전'이라는 이론이자 사상, 전법에 관한 새로운 분석적 접근을 시도하고 있다. 전격전을 둘러싼 오해와 진실에 관해 저자가 전하고자 한 주장이 한국어판 서문에 잘 나타나 있다.

---

"눈에 보이는 것만이 전부가 아니다." 이 문장은 세계 전쟁역사상 최고의 기습으로 알려져 있는 1940년의 서부전역을 가장 적절하게 표현하고 있다. 이때의 승리는 완전무결한 계획에 의거해 한 치의 오차도 없이 시행된 결과라고 최근까지 알려져 왔다. 더욱이 나치스트 선전가들은 이 혁명적인 '전격전' 사상의 창시자가 바로 히틀러라고 주장했다. 하지만 필자는 독일 연방문서보관소에 보관된 자료들을 고증한 결과, '전

격전'이 사전에 계획된 것이 전혀 아니라는 놀라운 사실을 발견했다.

서부전역이 발발한 1940년 5월은 현대적인 작전술 차원의 기동전이 탄생한 역사적인 순간이라 할 수 있다. 오늘날 전세계의 국가들은 군사전략에서 기갑 및 기계화부대와 공군의 합동작전을 핵심교리로 채택하고 있다. 그러나 1940년 당시 전차와 항공기 부대가 함께 투입된 '전격전'은 역사상 최초로 작전술 차원에서 감행된 일종의 실험이었다. 소수의 독일 고위급 장군들까지도 이를 '위험천만한 모험'으로 간주했다. 전쟁양상을 혁신적으로 바꾼 이 실험이 어떻게 시작되고 진행되었으며, '전격전'으로 자리 잡게 되었는가가 바로 이 책의 핵심내용이다.

---

전격전은 사전에 계획된 산물이 아니라 군사적 모험이자 실험에 가까운 것이었으며, 실행하는 독일군 기동부대들도 자신들의 성과에 놀란 나머지, 내재한 위험에 대해 과민하게 반응하기도 했다. 독일군 기동부대장들 중에는 종심기동을 해나가면서 직면하는 측방위협을 기동 그 자체로 극복할 수 있다고 믿거나 무시했던 구데리안과 롬멜 같은 기동제일주의자가 있었다. 반면에 측방위협에 대비하기 위해 교두보를 튼튼하게 형성하거나 후속지원을 위한 보병부대를 기다려야 한다고 믿으며 기동부대 속도를 늦추려 했던 할더, 클루게, 룬트슈테트 같은 보수주의자들도 있었다.

보수주의자들 모두 기동주의자들의 상급지휘관이었기에 이들의 갈등은 눈에 뻔히 보였다. 그렇지만 기동주의자들은 갈등에 낙심하지 않고 특유의 전술적 감각으로 독단적인 기동을 계속해나갔다. 궁극적으로는 전술적 차원을 넘어 작전적 차원의 돌파를 통해 승리를 달성함으로써 모든 갈등을 잠재울 수 있었다. 구데리안과 롬멜이 보인 독단 운용 모습은 흥미롭다.

구데리안 기갑군단을 포함하여 3개 군단으로 구성된 클라이스트 기갑군이 아르덴 산림도로를 통해 공격해갈 때 연합군의 공군은 아무런 행동을 취하지 않았다. 그것은 연합군이 독일군의 이동시간을 잘못 판단한 결과였다. 프랑스군은 클라이스트 기갑군 예하부대들이 뫼즈 강에 도달하는데 최소한 5일이 걸리고, 도하 준비시간을 고려하면 실제로 강을 건널 때까지는 7일이 걸릴 것으로 보았다. 하지만 구데리안 군단의 선두부대는 공격 개시 후 3일째 되던 날에 벌써 뫼즈 강에 도달했고, 4일째에 기습적으로 도하하여 뫼즈 강 서안에 교두보를 확보했다.

뫼즈 강 도하 후 클라이스트는 교두보의 종심이 6~8km 정도면 충분하다고 판단했다. 반면 구데리안은 스톤Stonne의 고지지역을 포함해서 적어도 20km 정도가 필요하다고 주장하고는 독자적으로 교두보로부터 서쪽으로 공격해 들어갔다. 프랑스군은 산발적인 역습을 계획했으나 제대로 실행하지 못했고, 결국 독일군이 확보한 교두보를 재탈환하지 못했다.

공격계획을 제안했던 만슈타인과 이를 현실에서 실행한 구데리안은 뫼즈 강을 도하한 후 측방 노출을 고려하지 않고 즉각 대서양 해안으로 돌진한다는데 의견을 같이했다. 만일 그러지 않으면 연합군과의 전투에서 승산이 없다고 확신한 것이다. 하지만 기동으로 인한 공격기세의 위력을 알지 못했던 육군 총사령부, A집단군, 클라이스트 장군 등 고위층 장성들은 이를 반대했다. 그들은 후속부대들이 뫼즈 강을 도하하여 교두보를 확보하고 난 후 종심 깊이 진격시킨다는 작전명령을 하달했다. 히틀러도 노출된 측방위협에 불안해하며 결정을 미루고 있던 상황에서 구데리안은 '중단없는 공세'를 강력히 주장했다. 종심으로 신속히 공격해 들어가지 않으면 뫼즈 강 도하의 의미를 상실하게 되고, 교두보 확보를 위해 대기하는 시간은 적에게 새로운 방어선을 구축할 시간을 줄 뿐이라고 판단했다. 결국 구데리안은 프랑스군의 반응속도가 매우 느리다는 것을 간파하고, 적의 측방위협을 무시한 채 종심공격을 계속하여 새로운 방어선 구축을 위해 이동하는 적 예비대보다 먼저 돌파하는데 성공했다.

교두보를 확장하기 위해 돌진을 시작한 다음 날(5월 15일), 클라이스트 장군은 보병과 기타부대들을 집결시키기 위해 전방에서 공격 중인 기갑부대에 제동을 걸었다. 그러나 구데리안은 이번에도 자신의 주장을 굽히지 않았다. 클라이스트 장군이 5월 17일 몽코르네Montcornet에 있는 구데리안의 지휘소에 비행기로 도착해서 정지명령을 준수하지 않고 전진한 것에 대해 심하게 질책하자, 구데리안은 화를 내며 자신을 해임하라고 요청했다. 클라이스트도 해임을 건의하기에 이르렀으나 제12군 사령관 리스트Wilhelm List 장군이 구데리안을 다시 본래의 자리에 임명함으로써 일단락되었다.

구데리안의 스당 돌파에 이은 대서양으로의 돌진을 상급지휘관들로서는 이해하기 힘들었지만, 상관의 지시를 거부하고 독단적으로 행동한 구데리안의 자주성 덕택에 작전적 성공을 거두었음을 사후 인정했다. 구데리안은 당시의 상황에 대해 자서전에 다음과 같이 썼다.

---

나는 마스 강(뫼즈 강)을 넘어 교두보를 확보한 다음에 대해서는 어떠한 명령도 받은 것이 없다. 나는 내 부대들을 아브빌Abbeville의 대서양 해안까지 진격시키는 동안 독단적으로 작전을 지휘했다. 상급지휘부는 나의 작전에 거의 영향을 미치지 않았다.[*]

---

　다음은 제7기갑사단을 지휘한 롬멜의 활약상을 살펴보자. 호트 기갑군단이 클라이스트 기갑군의 우측방을 엄호하며 병진대형으로 서쪽 방면으로 공격하고 있었다. 롬멜의 제7기갑사단은 제5기갑사단과 더불어 호트 기갑군단 예하부대였다.

　롬멜은 전차를 한 번도 지휘한 적이 없었으나 뛰어난 전술적 감각, 믿을 만한 진두지휘, 끊임없는 전방공격 등으로 전쟁 발발 후 몇 주 만에 독일군과 프랑스군 모두에게 아주 유명한 기갑지휘관이 되었다. 롬멜이 부여받은 본래 임무는 방어중인 적을 뫼즈 강 너머로

---

● 칼 하인츠 프리저, 진중근 역, 『전격전의 전설』(서울: 일조각, 2007), p.397.

격퇴하고 뫼즈 강 동안을 확보하는 것이었다. 그러나 롬멜은 예초부터 뫼즈 강 서안을 확보하는 것을 목표로 삼고 공격했다. 초기 공격이 신통치 않자 1개 대대를 직접 지휘하여 뫼즈 강을 도하하고 그의 지휘용 장갑차를 가장 먼저 도하시키는 등 전방지휘의 전형을 보여주었다.

이후 군단 명령에 의해 교두보를 확장하여 도하지점을 보호받게 될 때까지 기다리도록 요구받았지만 롬멜은 충분한 병력이 도하할 때까지 기다리지 않고 그날 서쪽으로 6km 지점까지 공격해 들었다. 이미 인접 제5기갑사단보다는 앞서서 공격하고 있었지만 결코 정지란 있을 수 없었다. 모든 마을이 프랑스군 부대로 가득 차있었으나 무시하고 통과했다. 그러던 중 군단에서 부여한 목표인 아벤 Avesnes을 향해 공격하는 가운데 통신이 두절되었다. 롬멜은 이 순간을 활용하여 기갑연대와 오토바이대대를 주력으로 자산의 판단하에 20km 종심의 상브르Sambre까지 공격했다.

제7기갑사단의 돌파작전은 때로는 연료가 고갈되기도 하고, 선두추진정찰대와 본대의 간격이 벌어져 연락이 두절되기도 할 정도로 프랑스군의 종심을 끊임없이 파고들었다. 롬멜 사단의 선두부대들은 적의 군단 종심을 돌파하여 와해시켰고, 프랑스 제9군의 후방으로 40km 이상 깊숙이 전진해 들어갔다.

구데리안과 롬멜의 종심 깊은 병행공격은 프랑스군뿐만 아니라 독일군 자신도 놀라게 했다. 프랑스군은 스당 역습을 시행하면서 서식명령을 기다리며 9시간을 허비하고 또다시 관련부대들의 집결을 기다리다가 끝내 역습을 해보지도 못했다. 이에 비해 전광석화처럼 돌진해 들어간 구데리안과 롬멜의 전방지휘를 통해 유동적 상황에서 독단적인 부대운용의 중요성이 더욱 와 닿는다.

# 임무이탈의 허용

● 　　　일본군의 이시하라 간지石原莞爾는 관동군 참모시절에 정부 방침이나 상급부대 의도와는 달리 만주사변을 기획하여 전쟁을 유발했다. 하지만 처벌은커녕, 일본이 만주를 점령할 계기를 만들었다고 오히려 영웅시되었다.

기본적으로 만주사변이 일어난 동기는 소련군이 약체일 동안 만몽滿蒙을 취해두고 북만주까지 취해둔다면 소련은 당분간 나올 수 없다고 하는 이시하라의 대단히 낙관적인 전망에서 비롯된 것이었다.

작전적으로 만주사변은 주도면밀한 계획 하에 일어났다. 사변 발발 시에 화북 지역의 제13로군을 매수하여 반란을 일으키게 하고, 만주에 주둔하고 있던 장쉐량張學良의 군대 20만 명 중에서 13만 명을 관내에서 꾀어내 만주를 무장이완의 상태로 만들려는 공작도 병행했다. 그리고 1931년 9월 18일을 기해 중국 동북의 랴오닝 성에 소재한 선양 북방의 류타오후柳條湖에서 남만주철도를 중국이 폭발시켰다는 구실 하에 만주사변이 발발하게 되었다.

전략적으로는 소련군이 약체일 동안에 중일전쟁을 수행하면서 국력을 신장하여 미국과 최종전쟁에 임할 계획이었다. 실제로 중일전쟁 와중에 일본의 공업이 중화학공업으로 전환되었다. 또한 일본 육군은 중일전쟁을 통해 크게 변모하였는데, 소련의 국제스파이 조르게Richard Sorge는 중일전쟁 시의 일본군을 다음과 같이 평가했다.

일본 육군은 중국전쟁의 기간 중에 23만 명 미만의 소규모 육군에서 독일군이나 적군赤軍 규모의 대육군으로 발전했다. 이전에는 기술상 크게 뒤떨어져 있다고 간주되고 있었으나, 지금은 모든 근대병기를 갖추고 있고, 기술적으로도 고도의 육군이 되었다고 할 정도로 변모를 이루고 있었다.[*]

만주사변 발발 전후의 사실들은 일본군 장교들에게 '공을 세울 수만 있다면 상부의 명령에 불복해도 괜찮다'는 전례를 남겼다. 당시 만주국이 건립될 때까지 관동군이 일본 정부를 주도했기 때문에 일본에는 두 개의 정부, 즉 도쿄의 일본 정부와 만주의 관동군 정부가 존재한다고 할 정도로 독단적인 면이 강했다.

그로부터 5년 뒤, 이시하라가 참모본부의 작전부장으로 재직하는 동안 관동군이 참모본부에서 하달하는 명령이나 지시에 불응하거

---

[*] 『근대일본의 전쟁논리』, p.222.

나 자의적으로 해석하여 제멋대로 처리하는 경우가 빈번하게 발생했다. 그래서 이시하라 부장이 직접 관동군을 방문하여 참모본부의 명령에 불복종한 것과 내몽골에 대한 관동군의 비밀공작 활동에 대해 질책하기에 이르렀다.

한 참모장교가 이시하라 부장에게 "지금 훈시하신 내용이 상부의 의도를 어쩔 수 없이 전달하는 것입니까, 아니면 이시하라 부장님의 진심입니까"라고 물었다. 이에 이시하라 부장이 자신의 진심이라고 답변하면서 만약 내몽골 비밀공작 활동이 잘못될 경우 소련이나 중국과 분쟁을 가져올 위험이 있다고 설명했다. 그러자 그 장교가 이시하라 부장이 진심이라고 답변한 데 대해서 놀랐다는 말과 함께 자신들은 만주사변을 조작할 때 이를 직접 계획한 이시하라 부장의 행동을 본받아 내몽골 비밀공작을 수행하고 있다고 답변했다.

제2차 세계대전 중 일본군 장교들이 상부의 명령을 따르지 않고 취해진 독단적인 행동들이 대본영의 전쟁 수행과 지도에 큰 지장을 초래했기 때문에 대본영에서 감독장교를 전장에 파견하여 작전을 감독하기에 이르렀다.

이와 같이 승리를 가져다준 독단적 행동은 찬사를 받기에 충분하지만, 그 과정 중에는 많은 저항을 극복해야 한다. 그리고 성공적이지 못한 독단적 행동은 엄중한 책임이 뒤따른다. 특히 일회성이 강하고 큰 비용을 초래하는 대규모 작전의 경우에는 더욱 그러하다.

몽고메리도 제2차 세계대전 당시 육군성의 훈령을 무시하고 자기의 판단에 따라 전투를 하였는데, 다행히 어길 때마다 승리했다고 자랑했다. 그는 전투에서는 승리 자체가 중요한 것이지 명령 그 자체가 중요한 것이 아니라고도 했다. 과연 그럴까? 만약 실패했다면 어떻게 되었을까? 더구나 무능한 예하지휘관들이 이를 본받아 상부의 명령을 무시하고 독자적으로 작전을 수행하다가 결정적인 패배를 초래하게 될 경우 몽고메리는 그들의 행위에 대해서 어떻게 생각할 것인가 하는 점에서 의문을 남긴다.

전장에서 독단적 행동은 성공적인 결과를 통해 용납될 수 있는 결과론적인 허용이며, 잘못된 결과로 동기를 대변하기에는 부족하다.


## 상위제대의 역할

●         통신과 데이터 전송기술이 발달한 오늘날에는 전장정보가 거의 실시간 전달되며 전장을 가시화하고 있다. 지휘소에 속한 인원들이 전투현장과 동일한 정보를 공유하는 현실에서, 하위제대의 전투에 대한 직접개입이 늘어나고 하위제대의 재량권은 계속 줄어든다.

그렇다고 잘못된 선택에 대한 기회비용으로 패배를 초래할 수 있는 전장에서 하위제대의 전투가 잘못되어가고 있음에도 이를 묵과할 수 있겠는가? 전장가시화를 통해 상급제대가 전장 및 장차작전에 대해 더 넓게, 더 멀리 예측하게 되면 하위제대의 전투에 대해 구체적인 작전지침과 지도를 하고픈 유혹을 이기기란 쉽지 않다. 상위제대의 올바른 역할과 현실의 유혹 사이에서 어떻게 균형을 유지하고 신중함을 기할 것인가라는 측면에서 지켜야 할 몇 가지를 제시한다.

첫째, 전략적·작전적 인내를 할 수 있어야 한다. 하위제대가 적절한 과정을 통해 상위제대의 작전의도를 이해하고 승인된 작전계획을 수행하고 있다고 가정하자. 이런 하위제대의 작전성과가 미진하거나 지체되고 있는 현실에서 상위제대는 인내심을 가져야 한다. 하위제대가 직면한 마찰은 전투현장이 아니면 온전히 전해지기가 어려운 것이다. 또한 마찰에서 비롯한 전장의 불확실성은 아무리 C4I가 발달하더라도 다른 공간에 있는 상위제대가 다 이해할 수는 없다. 또한 하위제대가 겪고 있는 마찰을 다 이해해서는 안 된다. 하위제대의 마찰과 육체적 고통을 속속들이 알고 나면, 온전히 작전적 목표, 전쟁의 목표만을 지향하는 것이 어려울 수 있다. 『손자병법』 구변편九變篇에 지나치게 백성을 사랑하면 번거로울 수 있다고 했다 (愛民可煩). 하위제대가 의도와 목표를 올바르게 이해하도록 작전준비과정에서 충분히 지도했다면, 실시간에는 하위제대의 전장마찰 극복과정을 인내하며 지켜봐야 한다.

둘째, 각 제대별 작전에 충실해야 한다. 물론 하위제대의 작전에 대한 지도가 상위제대의 역할이기는 하나 지도 수준에 머물러야 하며 직접적인 개입이나 관여는 금물이다. 개입정도를 계량화하여 한계를 정할 수는 없지만, 가장 손쉬운 방법은 상급제대도 해당제대 작전에 충실하면 된다. 공간적으로 좀 더 깊은 종심에 대한 전투를 수행하고 시간적으로 좀 더 먼 장차작전을 대비하여 하위제대에 유리한 여건을 조성해야 한다.

여기에는 투입을 위해 이동 중인 적 기동예비를 종심에서 타격하고, 다음 단계 작전을 고려하여 파괴해야 할 도로, 교량, 정수장 등 간접시설을 선택하거나 고립 또는 우회해야 할 지역을 선정하는 일들에 충실해야 한다. 그러다 보면 자연히 시시콜콜 하위제대의 작전에 개입하여 훈수 두는 일들은 그만두게 될 것이다.

정치도 칼을 만들어 주고 군대를 전장에 내보냈다면 칼을 쓰는 일에 대해 참견하기보다는 더 좋은 칼을 지속적으로 지원하는 일에 충실해야 한다. 그리고 유리한 외교적 관계 유지에 힘써야 한다. 적국이 전쟁의 명분을 잃고 외교적 고립에 빠지게 해야 하며, 적이 연합전선을 이루어 시작한 전쟁이더라도 지속적인 전쟁지원을 차단해야 한다. 또한 국제적 지지와 지원을 지속적으로 이끌어내야 한다.

셋째, 상급제대는 하급제대의 자주성을 길러주고 또한 신뢰해야 한다. 나폴레옹과의 전역에서 쓰라린 패배를 경험한 프로이센의 개혁자들은 '자주성'을 도입하여 대응했다. 교육을 통해 능력을 갖춘 자주성은 전장에서 신속성을 가져다주었다. 적보다 우위에 있는 신속성은 성공을 위한 지렛대이며, 자신의 물리적 열세를 극복하게 하는 중요한 수단이다. 적보다 빠른 전환을 통한 집중으로 상대적 우위를 달성할 수 있고, 전투피해도 줄일 수 있으며 과감한 행동을 보장할 수 있다. 신속성을 기대하기 위해 자주성을 인정해줄 수 있어야 하며 자주성을 뒷받침할 능력을 평시부터 가르치고 훈련시켜야 한다.

제2차 세계대전 초기인 1940년 서부전역에서는 고속기동의 전투양상이 걷잡을 수 없을 정도여서 상급부대가 일시적으로 통제력을 잃기도 했다. 이러한 특수한 위기상황에서도 독일군 장교들은 평소부터 체질화된 임무형 전술로써 대응했다. 그리고 구데리안이 독단적으로 스당의 교두보에서 전방으로 돌진할 때 전격전의 역동성은 절정에 달했다. 1940년 서부전역에서 독단적인 행동의 성과는 매우 고무적이었고, 정지명령을 무시하고 기동을 계속했던 지휘관들은 군사재판에 회부되기는커녕 크게 포상을 받았다.

　　하지만 1941년 겨울이 시작될 때부터 독일군은 전투력이 급속히 저하되어 방어로 전환해야 했다. 히틀러는 전 전선에 걸쳐 정지명령을 내리고 일체의 철수를 불허했다. 소련군의 역습으로 로스토프Rostov 시를 점령·유지하던 제1기갑군 예하부대들을 지탱하기 어려워지자 히틀러의 지시에 반하여 철수를 주장하던 남부집단군 사령관 룬트슈테트Gerd von Rundstedt는 해임되었다. 제2기갑군 사령관 구데리안도 정지명령을 무조건적으로 따랐을 때의 폐해를 히틀러에게 주지시키고자 하였으나 받아들여지지 않아 해임되었다. 부대를 괴멸로 몰고, 부하들을 무의미하게 죽게 만드는 경직된 방어명령에 많은 장교가 순종하지만은 않았다. 케르치Kerch 반도에서 정지명령을 위반하고 예하사단을 철수시켜 전투력을 보존한 슈포네크Hans von Sponeck는 그로 인해 해임되어 구금당했다. 1942년 히틀러는 전선에서 지휘하는 지휘관들보다 책상 앞에 앉아 있는 자신이 더 전선상황을 잘 파악할 수 있다고 생각하는 듯했다.

자주성 및 독단에 대한 허용은 그러한 행동의 성과와 더불어 앞선 작전의 성과에 많은 영향을 받는다. 하위제대의 고민은 깊어질 수밖에 없다. 그중에서 가장 어려운 경우는 명령을 수령했다 하더라도 그 명령이 하달된 시점에서 상급지휘관의 상황판단이 완전하지 못했거나 상황이 변동되어 명령 자체가 유효하지 않는 경우이다. 여기에 대한 명료한 해답이라 볼 수 있는 독일군 지휘통솔의 전통에서는 다음의 세 가지 조건만 충족되면 부여된 임무에서 벗어나 독단 활용이 가능하다. ① 상황이 본적으로 변동되어야 하고, ② 변동된 상황은 즉각적인 조치를 필요로 해야 하며, ③ 명령을 하달한 상급자와 접촉이 불가능하거나 즉각 접촉할 수 없는 경우이다.

이 중에서도 세 번째 요소가 아주 중요한 의미를 갖는다. 또한 자주적으로 결정해서 행동한다고 해서 복종의무를 포기하는 것이 아니다. 독단행동을 결심하여 행동에 옮긴다 해도 그에 대한 전적인 책임을 져야 한다. 부여된 임무를 최초 계획대로 수행하지 못하고 독단활용을 실시할 경우란 어려운 국면을 타개하기 위한 비상수단이어야 한다.

# 독단은 결단력

● 　　　클라우제비츠는 『전쟁론』에서 위대한 지휘관, 군인이 가져야 할 두 가지 자질을 '군사적 혜안'과 '결단력'이라고 말했다.

모든 정보와 가정이 불확실하고 우연이 지속적으로 개입하기 때문에 끊임없이 예상했던 것과는 다른 상황에 직면하게 된다. (…) 위대한 정신의 인물이 이와 같이 예기지 않은 요인과의 끊임없는 싸움을 성공적으로 극복하려면 두 가지 자질을 필수적으로 구비해야 한다. 하나는 암흑 속에서 그를 진리로 이끄는 내면의 불빛의 흔적에 비유되는 이성이요, 다른 하나는 이 희미한 불빛을 좇는 용기이다. 전자는 프랑스의 회화적 표현에 의하면 혜안<sup>coud d'oeil</sup>이며, 후자는 결단력이다. (…) 전투에서 시간과 공간은 중요한 요소들이다. 신속한 결전능력을 가진 기병이 주 전투력이었던 시대에는 더욱 그러했다. 그렇기 때문에 신속하고 적절한 결심이란 개념은 우선 시간과 공간을 평가하는 데서 비롯되었다. 따라서 이 결심이란 개념은 정확한 목측과 관련된 용어이다. 혜안은 육체적인 눈일 뿐만 아니라 정신적 눈을 의미하지만 정신적 눈의 의미가 더욱 강하다. (…) 혜안은 평범한 정신의 사람들의 눈에는 전혀 보이지 않거나 오랜 고찰과 사색 끝에 비로소 볼 수 있는 진리를 신속하게 파악하는 능력이다.

결단력은 개별적인 경우에 나타나는 용기있는 행동이다. 그리고 결단력이 인간의 성격으로 형성된다면 정신적 습관이 된다. 그러나 이것은 육체적 위험에 대한 용기가 아니며 책임에 대한 용기, 즉 정신적 위험에 대한 용기이다. 이러한 용기를 정신적 용기라고 부른다. (…) 그러므로 결단력은 이성의 독특한 성향에 의해 형성된다고 믿어진다. 즉 이러한 이성의 독특한 성향은 명석한 사람보다는 강인한 사람에게 가까올 것이다. 이러한 결단력에 대한 설명은 낮은 지위에서는 최고의 결단력을 보여주었던 사람들이 높은 지위에 오르면 결단력을 상실하는 많은 예를 통해 입증되고 있다. 그들은 결단력을 상실하는 많은 예를 통해 입증되고 있다. 그들은 결단을 내려야 할 필요성을 느낄지라도 그릇된 결심에서 오는 위험을 우려하고 주어진 틀에 정통하지 못한 까닭에 이성의 원천적 힘을 상실하는 것이다.●

전쟁의 짙은 안개 속에서 찰나와도 같은 호기를 좇아 승리를 이끌어내야 하는 것이 군인의 숙명이다. 이러한 희미한 불빛을 좇는 일이 그 시간과 공간에 함께하지도 않는 누군가의 명령이나 지시에 따르기만 한다면 전쟁은 한없이 단순해질 것이다. 위대한 정신을 소유한 한 사람에 의해 내려지는 지시를 이행하는 수많은 손과 발만이 존재하기 위해서는 그 지시의 적확성을 전적으로 신뢰할 수 있는 상태이든지, 적확성 자체를 문제 삼지 않을 만큼 비판력이 없는 중간 행위자들이 존재해야 한다. 하지만 이러한 전제는 성립할 수가 없다. 전쟁이 여러 차원으로 확장되어 가는 현실에서 다른 공간에 있는 상급지휘관에게 온전히 상황을 전달하기란 현실적으로 제한된다. 그리고 상급지휘관의 명령이나 지시가 상황변화에도 여전히 적합한지 중간행위자들은 반추해볼 것이기 때문이다.

● 『전쟁론』, pp.76-77.

그래서 현실 속에서 우리는 결단력을 지닌 전투현장의 지휘자를 필요로 하게 된다. 변화된 상황 속에서 최초의 계획이 더 이상 유효하지 않을 때, 위대한 철인의 결정을 기다려 행할 수 없을 때, 상급자의 올바른 상황판단을 통한 결심을 기대할 수 없을 때에 우리는 결단력이 행동으로 나타나는 독단을 만나게 된다. 뒤집어 말하자면 독단의 내면에는 암흑 속에서 승리로 이끌 수 있는 내면의 불빛, 군사적 혜안과 이 희미한 불빛을 좇는 용기, 결단력이 포함되어 있어야 한다. 또한 객관적으로 상황에 대한 해답으로 더 적확해야 한다는 전제가 포함되어 있다.

## 군명유소불수君命有所不受 — 손자

『손자병법』의 저자가 손무孫武인지, 그의 후손으로 알려진 손빈孫臏인지, 아니면 후대사람에 의해 편집된 것인지에 대한 논란은 1972년에 중국 은작산銀雀山, 산동성山東省 임기현臨沂縣에 있는 한나라 분묘 발굴로 해소되었다. 분묘에서 『손빈병법』, 『육도』, 『위료자』등과 함께 죽간 형태의 『손자병법』이 발견됨으로써 손빈이나 후대사람이 아닌 손자(손무)가 손자병법을 썼음이 증명되었다. 한간본 발굴과정과 손자병법에 대한 자세한 이야기는 웨난岳南이 쓴 『손자병법의 탄생(원제 遭遇兵聖)』에서 자세히 볼 수 있다. 여기서는 그중에서 손무가 오왕 합려에게 등용되는 과정을 살펴보자.

오자서伍子胥가 오왕 요를 몰아내고 합려를 군주자리에 오르게 하는 정변에 성공할 당시, 손무는 궁륭산에 들어가 무장세력을 이끌고 있었다. 『병법 13편』을 통해 손무의 탁월한 군사적 재능을 인정했던 오자서는 손무를 회유하여 마침내 오나라 조정에 귀순하게 했다.

오왕 합려는 손무의 군사적 능력이 미덥지 않아 결국 직접 만나 시험해보기로 했다. 그 시험이란 궁녀를 대상으로 훈련시키는 것이었다. 손무는 합려가 아끼던 장비莊妃와 순비筍妃를 대장으로 삼고 궁녀들 무장시켜 훈련에 들어갔다.

손무는 이번 군사훈련의 총지휘관으로서 중앙 맨 앞에 서서 위엄 있게 훈련규칙과 기율을 선포했다.

"첫 번째 북이 울리면 병사들 모두 앞으로 전진하고, 두 번째 북소리가 울리면 좌대는 우향우, 우대는 좌향좌를 할 것이며, 세 번째 북이 울리면 검을 들고 전투자세를 취해야 한다. 그다음 징소리에 좌우대열의 모든 병사가 후퇴한다. 이상 모든 동작을 정확하게 수행해 한 치의 오차도 생기지 않도록 연습해야 한다."

설명을 마친 손무가 명령을 내려 고수로 하여금 북을 치게 했다. 하지만 나아가는 자, 서있는 자, 부딪히고 쓰러지면서 키득거리는 소리, 난장판이 되었다. 손무는 분노를 삭이며 찬찬히 명령을 다시

설명하고 훈련에 임하기를 세 번 거듭하였으나 나아지기는커녕 더 난장판이 되었고, 이를 지켜보던 합려는 비웃기까지 했다.

손무는 합려의 이런 태도에 심한 모멸감을 느꼈다. 타들어가는 낯빛으로 두 눈을 부릅뜬 손무가 크게 소리치며 법리法吏를 찾았다.

"군령을 정확히 전달하지 못한 것은 총지휘관인 내 잘못이다. 그러나 세 번이나 군령을 내렸는데도 이에 따르지 않은 것은 저들의 잘못이다. 군법에 따르면 이 경우는 어떻게 처리하는가?"

법리가 조금도 주저하지 않고 '참형에 처한다'고 말했다. 손무는 대장을 맡은 장비와 순비를 노려보며 말했다.

"병사들이 군령에 복종하지 않은 것은 대장의 책임이다. 군법에 따라 명하노니, 저 둘을 끌어내어 참형에 처하도록 하라."

두 비가 붙들려 나와 무릎을 꿇고 참형을 집행할 도부수가 옆에 서자 사열대에 있던 오왕 합려도 돌아가는 형국을 알아차리고는 신하를 손무에게 보내 인정을 베풀 것을 지시한다. 하지만 손무는 합려의 말을 전하는 자를 내치며 멀리 사열대 방향을 향해 격앙된 목소리로 외쳤다.

"연병장은 전쟁터나 마찬가지다. 군중에서 어찌 희언을 할 것인가? 나 손무가 군사훈련의 총지휘관으로 임명되었으니 마땅히 군기를 바로 세워야 할 책임이 있다. 군중에는 총지휘관이 있는 법이니 설사 임금의 명이 있다 할지라도 무시할 때가 있는 법이다.

단지 왕이 총애하는 비妃라는 이유로 저들 두 사람을 용서한다면 총지휘관은 있으나마나한 허수아비가 아니고 무엇이겠느냐? 두 명의 비조차 죽일 수 없다면 어찌 적군의 장수들을 죽일 수 있단 말인가?

모두 들어라. 나 손무는 허수아비가 아니다. 나는 이번 훈련의 책임을 맡은 총지휘관이다. 오늘 두 비가 오나라 군대의 군령을 함부로 짓밟았으니 이는 바로 총지휘관인 나를 멸시한 것이다. 이러한 이유로 이제 나는 군법에 따라 장비와 순비 두 사람을 참형에 처하고자 한다. 자, 저들을 참하라."

그의 말과 함께 도부수刀斧手가 기합과 동시에 내리치니 두 사람의 머리가 땅에 나뒹굴었다. 그러고는 다시 훈련에 임하자 새로 임명된 대장을 따라 절도있게 움직이고 있었다. 합려는 화를 추스르지 못하고 궁으로 돌아가 버렸다. 3일이 지나고 합려가 오자서를 불러 궁녀들에게 군사훈련을 지시한 자신의 과오를 뉘우치고 손무에 대해 다음과 같이 말했다.

"손무를 장군에 봉할 것이니 전략을 짜게 하고 그대가 함께 병사들을 훈련시키도록 하시오. 시기가 되면 초나라를 정벌해 천하제패의 대업을 완성할 것이오."

이론과 실제가 하나 되기가 쉬운 일이 아니다. 하물며 병법은 생명을 다루고 국가의 존망을 다투는 일이므로 이를 실천하여 승리

로 증명하는 것은 더더욱 어렵다. 손무는 『손자병법』에서 말하는
바를 궁녀들을 가르치며 몸소 실천해보였으며, 이후 초나라와의
전쟁을 승리로 이끌며 병서의 가르침이 옳음을 증명했다. 목숨이
위태로운 가운데서도 군주의 명에 흔들리지 않고 현장지휘관으로
서 지휘권을 행사했던 손무의 담대함을 엿볼 수 있다. 손무는 이
론을 논하는 한낱 책상물림이 아니라 문무를 겸비한 무장이었다.

가서는 안 될 길이 있고, 쳐서는 안 될 군대가 있으며, 공격해서는
안 될 성이 있고, 쟁탈해서는 안 될 땅이 있으며, 임금의 명령이라도
따르면 안 되는 때가 있다.(途有所不由, 軍有所不擊, 城有所不攻, 地
有所不爭, 君命有所不受.)

－『손자병법』구변편九變篇

## 진불구명 퇴불피죄進不求名 退不避罪 － 이순신

이순신 장군은 장인 방진方震의 권유로 무예를 배우기 시작하여
32세의 늦은 나이에 무과에 급제하고 벼슬길에 올랐다. 함경도의
동구비보 권관(종9품·하사)을 시작으로 22년 관직생활 중 장군은

세 번의 파직, 두 차례의 투옥과 백의종군의 아픔을 겪었다. 그러면서도 끝내 삼군수군통제사로서 조선의 바다를 지켜 왜군을 물리쳤다. 이런 이순신의 인물됨을 두고 류성룡은 『징비록懲毖錄』에서 다음과 같이 말했다.

"순신의 사람 된 품은 말과 웃음이 적고 용모가 단정해 몸을 닦고 언행을 삼가는 선비와 같았으나, 그의 뱃속에는 담기가 있어 자기 몸을 잊고 국난을 위해 목숨을 바쳤으니, 이것은 평소에 수양을 했기 때문이다."

또한 이순신 장군은 자신의 글을 통해서도 본인의 마음자세를 밝히고 있다. 장군이 세 번째 함경도 근무(시전부락 전투)를 백의종군으로 마친 후 전라도 감사로 부임하는 이광李洸의 군관으로 가기 위해 길을 나서면서 부하장수들의 부탁을 받아 써 준 글을 보면, 소명의식에서 비롯한 순수한 열정을 엿볼 수 있다.

"사나이 세상에 나서 쓰이면 충성으로 목숨을 바칠 것이요, 쓰이지 않는다면 들에 내려가 밭갈이하는 것도 족하다(丈夫生世 用卽效死以忠 不用卽耕野足矣)."

이렇듯 국가안위와 국방태세만을 향한 이순신 장군의 진충보국盡忠報國의 순수한 열정은 오늘을 살아가는 우리가 깊이 새겨야 할 가르침이다.

여기서 이순신 장군이 세 번째 파직을 당하여 한양으로 압송되는 정유재란 발발 시기를 살펴보자.

정유재란이 일어나던 선조 30년(1597년) 초 왜의 첩자 요시라要時
羅가 경상좌병사 김응서를 찾아왔다. 그는 가토 기요마사加藤清正와
사이가 나쁜 고니시 유키나가德川家康의 계책이라면서 본국에 돌아
갔던 가토가 아무 날 어디로 오는데 조선 수군으로 하여금 지키고
있다가 치면 죽일 수 있을 것이라고 했다. 이것은 이순신이 지키
고 있는 한 바다를 건너 조선을 침공할 수 없다고 판단한 왜적의
간계가 분명했다. 그러나 병법을 모르는 무능한 장수와 대신들은
이 말을 그대로 믿었다.

김응서는 이를 도원수 권율에게 보고하였고, 조정은 이순신에게
나아가 공격하라는 명령을 내렸다. 권율이 몸소 한산도로 내려와
서 명령을 하달했다. 이순신은 적의 간계라는 사실을 간파했으나
조정의 명령을 거역할 수 없어 대군을 출동시키는 대신 우선 척후
선을 보내 적의 동태를 정찰토록 했다. 적의 함정에 빠지지 않기
위해서였다.

첫 번째 계략에 실패한 왜군은 다시 요시라를 김응서에게 보내
"이순신이 바다를 막지 않은 사이에 가토가 조선에 상륙했다"고
이간책을 썼다. 그런데 가토가 바다를 건너온 것은 권율이 한산도
에 내려와 이순신에게 명령을 하달하기 이미 1주일 전이었다. 적
이 먼저 도착하여 진영을 차린 바다로 뛰어들어서는 결코 승리할

수 없는 것이다.

그해 2월 6일 이순신은 난리가 나면 도망이나 치고 공론이나 일삼던 그 대신들의 상소에 의해 해임되고 '조정을 속이고 적을 치지 않았다'는 죄목을 뒤집어쓰고 한양으로 잡혀가게 되었다. 그는 후임자인 원균에게 군사·무기·군량 등을 정확히 인계하고, 그 달 26일 수많은 백성과 군사가 비통하게 울부짖는 가운데 돼지우리 같은 남거에 실려 서울로 끌려갔다. 그리고 의금부에 갇혀 갖은 고문을 당하다가 가까스로 죽음을 면하고 4월 1일에야 풀려날 수 있었다. 그러나 무죄로 방면된 것이 아니라 백의종군이었다. 공을 세워 죄를 씻으라는 것이다.

그 사이 수군통제사로 부임한 원균은 이순신이 아끼던 역전의 장수들을 대부분 갈아치우고 자신의 뜻에 맹종하는 자들을 그 자리에 앉혔다. 대비태세도 허술해질 수밖에 없었다. 그런 와중에 조정에서는 원균에게 부산으로의 출전을 독촉했다.

7월 4일 한산도를 출발한 원균의 함대 90여 척은 5일 칠천량을 지나 6일 옥포에서 머무르고 7일에 다대포를 거쳐 부산포로 향했다. 그런데 절영도에 이르니 1,000여 척의 적 선단이 숨어 있었다. 왜적은 원균의 함대를 보자 후퇴를 거듭했다. 자신들이 유리한 곳으로 조선 수군을 유인하기 위한 작전이었던 것이다.

적이 후퇴하자 원균은 승기를 잡았다는 생각에 돌격명령을 내렸다. 그런데 풍랑이 거칠어지고 한산도에서부터 4일간이나 제대로 먹지도 자지도 못하고 배를 저어 온 군사들인지라 싸움이 될 턱이 없었다. 일부는 울산 서생포까지 밀려가 적군에게 격파 당했다. 원균은 남은 전선을 수습해 가덕도로 후퇴했지만 벌써 왜군들이 배후를 지키고 있다가 사정없이 공격을 퍼부었다. 원균은 다시 칠천량으로 후퇴했다.

원균이 지휘하는 조선 수군이 형편없다고 판단한 왜군은 7월 14일 거제도까지 쫓아와 이튿날 밤 칠천량에서 총공격을 퍼부었다. 이 싸움에서 원균은 물론 역전의 용장 이억기를 비롯해 충청수사 최호 등이 전사했다. 배설만이 전선 12척을 이끌고 탈출에 성공하여 한산도로 복귀하여 남아있던 군졸과 백성들을 모두 도망치게 한 뒤 군량과 무기들을 불태우고 본인은 전라도로 도망쳤다. 이로써 이순신이 피땀으로 육성해 온 막강한 수군은 하루아침에 전멸당해 버렸다. 수군이 전멸하자 바다는 왜군의 독무대가 되었고 전라도도 더 이상 안전할 수 없었다. 칠천량 패전을 계기로 조선 수군이 거의 전멸하자 도원수 권율은 백의종군 중이던 이순신을 찾아와 "어떻게 했으면 좋겠는가?" 하고 탄식을 연발했다.

익히 이순신이 조정의 공격명령에도 불구하고 수군을 이끌고 공격에 나서지 않았던 것은 적의 간계라는 사실을 간파했기 때문이다. 대군인 왜군을 부산의 넓은 바다에서 맞서 싸워서는 승산이 없음을 알고 있었다. 그리고 이미 1주일 전에 바다를 건너온 왜군들이 함정을 파놓고 이순신의 수군을 불러들이고 있음을 간파했다. 그래서 조정으로부터 공격명령을 받았지만, 척후선을 내보내어 적정을 살피며 섣불리 공격에 나서지 않았던 것이다.

견주어 비교컨대 원균은 권율 장군에게 불려가 곤장을 맞는 수모를 당하기까지 한 끝에 수군을 이끌고 출동을 하게 되었다. 삼도수군통제사가 그 지경에 이르고도 차가운 머리를 가지고 현실을 냉철하게 보기는 어려웠을 것이라고 동정어린 생각도 든다. 하지만 한산도 운주당에서 지혜를 모으고 냉철한 판단과 결단을 거듭하던 이순신 장군과는 대조되는 바가 있다. 원균은 운주당을 살림집으로 만들어 울타리를 치고 첩을 불러들여 진영에서 함께 지냈으니 어디서 어떻게 차가운 머리를 가질 수 있었겠는가?

군주가 명을 해도 길이 아니면 섣불리 군을 움직이지 않아야 하는 것이 군사지도자의 참 도리이다. 여러 정황에 밝은 현장 지휘관의 판단이 중요하다.


싸움의 정세가 필승일 경우에는 임금이 싸우지 말라고 했더라도 싸우는 것이 허용되며, 그 정세가 이길 수 없을 경우에는 임금이 반드시 싸우라 했더라도 싸우지 않는 것이 허용된다.(戰道必勝, 主曰無戰, 必戰可也. 戰道不勝, 主曰必戰, 無戰可也.) 그러므로 장수는 독단적으로 진격함에 명성을 구하지 않으며, 독단적으로 물러섬에 뒷날의 책임추궁을 피하려 하지 않고, 오직 백성들을 보호하고 임금에게 이로우려 한다면 나라의 보배인 것이다.(故進不求名 退不避罪, 唯民是保, 而利合於主, 國之寶也.)

－『손자병법』지형편地形篇.

### 〈이순신 장군의 관직생활〉

| 나이 | 연도 | 직책 | 벼슬 | 재직기간(개월) | 비고 |
|---|---|---|---|---|---|
| 32세 | 1576. 12 | 함경도 동구비보 권관 | 종 9품 | 27 | 최초 공직생활 |
| 35세 | 1579. 2<br>1579. 10 | 훈련원 봉사<br>충청병사 군관 | 종 8품<br>종 8품 | 8<br>8 | |
| 36세 | 1580. 6 | 전라 고흥 발포 수군만호 | 종 8품 | 18 | 최초 수군생활 |
| 38세 | 1582. 1<br>1582. 5 | 1차 파직<br>훈련원 봉사 | | 4<br>14 | |
| 39세 | 1583. 7<br>1583. 10 | 함경도 병사 군관<br>건원보 권관 | 정 7품 | 3<br>3 | 참군으로 승진 |
| 40세 | 1584~1586 | 부친 별세로 휴직 | | 26 | |
| 42세 | 1586. 1<br>1586. 1 | 사복시 주부<br>조산보 만호 | 종 6품 | 19 | 녹둔도 전투 |
| 43세 | 1587. 8 | 2차 파직<br>(녹둔도 둔전관 재직시) | | 18 | 백의종군(1차)<br>(시전부락 전투) |
| 45세 | 1589. 2<br>1589. 12 | 이광(李洸)의 군관<br>정읍현감 | 종 6품 | 9<br>15 | |
| 47세 | 1591. 2 | 진도군수, 전라좌수사 | 정 3품 | 30 | 유성룡의 추천 |
| 49세 | 1593. 8 | 삼도수군통제사 | 정 2품 | 42 | |
| 53세 | 1597. 2<br>1597. 4<br>1597. 7 | 3차 파직 및 투옥<br>백의종군(2차)<br>통제사 재임명 | 정 2품 | 2<br>4<br>16 | 4월 1일 출소<br>권율 휘하 |
| 54세 | 1598. 11. 19 | 노량해전 전사 | | | |

# 정치로부터 군사적 독단

● 　　　　클라우제비츠가 말한 '정치의 연장수단으로서의 전쟁'은 목적인 정치에 부합하는 수단으로서 전쟁 수행을 기대한 것이다. 이에 반해 손자는 '군명유소불수君命有所不受'라 하여 군주의 명이라 하여도 현장지휘관의 판단에 따라 따르지 않아야 할 때가 있다고 말하고 있다. 장수가 유능하고 군주가 제어하려 들지 않으면 승리한다고까지 하였으니 예나 지금이나 현실에서 쉽게 수용하기는 어렵지만 이 얼마나 냉철한 이성인가? 그럼에도 클라우제비츠의『전쟁론』과 손자의『손자병법』은 공통적으로 정치가 항상 전쟁을 통제해야 한다는데 동의하고 있다.

또한 두 병서는 전쟁의 독특한 속성상 정치가 전쟁을 통제하는 질서정연함이 종종 불가능하다는 것을 인식하고 있다. 실시간 통신이 불가능했던 시대에는 신속한 결심이 요구되거나 기회를 독단적으로 이용해야 할 경우, 패배를 피하기 위해 독단적으로 행동해야 할 필요성 등으로 인해 종종 전장상황에 대해 정치적 통제가 제대로 이루어지지 않거나 상황과 맞지 않는 정치적 통제가 거부되기도 했다. 기원전 6세기 춘추시대와 19세기 나폴레옹시대의 통신수단에 의한 실시간 통제 정도 차이에 의해 정치로부터 군의 독자성에 대한 허용 정도가 두 병서에 각각 다르다.

손자와 클라우제비츠는 공히 야전지휘관이 상황에 맞지 않는 정치적 명령을 거부할 수 있고 그러해야 한다고 인정했다. 손자는 야전지휘관의 독단 허용에 대해 단호한 입장인데 반해 클라우제비츠는 작전적 측면을 정치의 우위성보다 우선적으로 고려해야 함을 지적하는 정도로 언급하고 있다. 클라우제비츠의 비유적 표현을 빌리자면, '문법(하위수준의 군사적 고려요소)이 논리(정치적 목적)를 좌우한다'는 것이다.

만일 정치가가 제대로 알지도 못하는 상태에서 특정한 군사적 이동과 행동에 관심을 기울이고 또한 군 지휘관에게 엉뚱한 결과를 요구한다면, 정치적 결정은 작전을 더욱 악화시키게 된다. 마치 외국어를 완전히 통달하지 못한 사람이 때로 그 자신을 정확히 표현하지 못하는 것처럼, 정치가도 종종 그들이 원하는 군사적 목표를 달성하는데 기여하기보다는 오히려 군사작전에 방해되는 명령을 하달하기도 한다. 현실적으로 그러한 방해 행위가 반복되고 있다는 사실은 일반 정치를 담당하는 정치가들이 군사문제에 대해 확실하게 이해하는 것이 매우 중요함을 잘 보여주고 있다.

군 지휘관은 정치지도자로부터 직접 하달된 명령을 언제 거부할 수 있는가? 그것을 결정하는 것은 군 지휘관이 내려야 할 중요한 문제임에 틀림이 없다. 그러나 손자와 클라우제비츠는 그러한 결정을 내리는데 필요한 어떠한 요소도 제시하지 않았다. 지휘관이 고려해야 할 요소들은 전장상황, 위험의 정도, 군사적 통제의 집권화 정도, 통신의 질, 지휘관의의 직관과 경험 등일 것이다. 다른 한편으로 정치지도자는 정치적으로 고려해야 할 부분과 군사적으로 고려해야 할 부분을 구분하고, 순수하게 군사적 결정이 요구되는 상황에 대해

서는 정치지도자 자신의 견해가 군사적 행동을 주저하게 하지 않도
록 신중해야 한다.


# 되새김

●　　　　수직·수평적으로 전장상황을 실시간 공유할 수 있
게 되었어도 현장지휘관의 독단 운용은 여전히 요구된다. 왜냐하면
전장공유를 통해 의사결정속도가 빨라진 적보다 더 빠른 작전반응
속도를 요구받고 있기 때문이다. 독단은 두 가지로 구분할 수 있다.
상급제대로부터 하급제대의 독단과 정치로부터 작전지휘에 대한
군의 독단이다.

제2차 세계대전 초기 프랑스 전역에서 기동을 중시했던 구데리
안과 롬멜은 전방지휘를 통한 독단 운용의 전형을 보여주었다. 구
데리안의 제19기갑군단은 스당 돌파에 이어 상급지휘관의 우려와
반대에도 불구하고 대서양으로 돌진하여 작전적 성공을 거두었다.
롬멜이 이끄는 제7기갑사단의 돌파작전은 때로는 연료가 고갈되기
도 하고 선두 추진정찰대와 본대의 간격이 벌어져 연락이 두절될
정도로, 프랑스군의 종심을 끊임없이 파고들었다. 전방지휘를 통해
전광석화처럼 돌진해 들어간 두 지휘관의 모습을 통해 유동적 상황
속에서 작전반응속도 단축을 통한 독자적인 부대운용의 중요성을
알 수 있다.

독단을 위해 상급지휘관은 전략적·작전적 인내를 할 수 있어야 하며, 각 제대별 작전에 보다 더 충실해야 한다. 그리고 평소부터 상하제대 간 인식과 개념을 일치시키고 신뢰를 쌓으며 하급제대의 자주성을 길러야 한다.

그럼에도 통신이 가능한 상황이라면 보고의 의무를 결코 등한시해서는 안 된다. 독일군에서 임무이탈을 허용하는 경우는 상황이 근본적으로 변동하고, 변동한 상황이 즉각적인 조치를 요구하며, 무엇보다 명령을 하달한 상급자와 즉각 접촉할 수 없는 경우이다.

정치가 제시한 전쟁목적을 벗어나지 않는 범위 내에서 군의 군사작전에 대한 독자성을 철저히 인정해야 한다. 정유재란 발발 시에 병법을 모르는 무능한 대신들은 요시라의 간계에 속아 이순신에게 이미 진을 치고 기다리는 왜군을 향해 공격하라는 명령을 내렸다. 적의 간계를 간파한 충무공은 대군인 왜군을 부산의 넓은 바다에서 맞서 싸워서는 승산이 없음을 알고 있었다. 뒤를 이은 원균이 조정의 명령에 어쩔 수 없이 수군을 이끌고 나아가 예견되었던 대패를 확인하게 되었다. 정치적인 간섭이 없는 군사작전의 독립성, 군사적 행동을 제어하지 않으려는 정치의 성숙함이 필요하다. 미래 전장에서도 변함없이 정치로부터의 군사적 독단, 상급제대로부터 하급제대의 독단은 필요하다.

# 08
# 전훈
## 미래 전장을 좌우한다

· · ·

올바르지 않으면 해도 소용없고, 열심히 한 만큼 더 어긋난다. 작전환경과 전쟁사에 대한 올바른 분석이 미래 전장에 대한 대비의 시작이자 승패의 분수령이다. 분석의 산물이 군사교리에 반영되고 교육훈련 현장에 제대로 전달되어야 한다. 군이 관성을 이기고 변화를 받아들일 수 있도록 센세이션을 불러일으킬 권위와 능력을 갖춘 인프라를 구축해야 한다. 타국의 교리와 시각을 빌어 현상을 인식하는 먼 길을 돌아가지 않도록 해야 한다. 부단히 연구하고 사유하는 군 문화가 자리 잡을 때, 그 집단지성 속에서 성숙한 군사이론과 교리가 창조적으로 등장할 수 있다.

# 망전필위忘戰必危

●　　　　　인류 역사에서 '전쟁'을 제대로 알지 못하면 외교를
말할 수 없다. 대화와 타협을 통한 문제해결을 우선하되 해결되지
않은 문제로 인해 주권과 국가이익이 위협받을 때는 전쟁을 한 수단
으로 선택할 수 있다.

　2013년에 발생한 시리아 사태에서 정부군이 반군에게 화학무기
를 사용한 것이 유엔의 조사 결과 확인되었다. 시리아 정부에게 화
학무기를 내놓지 않는다면 무력으로 이를 파괴하겠다고 말한 미국
의 논리는 전쟁과 정치, 외교의 관계를 가장 잘 이해하게 하는 사례
이다. 이전에 1·2차 이라크 전쟁과 아프가니스탄 전쟁의 개전에 있
어서는 외교적 노력과 전쟁이라는 수단의 선택을 놓고 갈등하는 과
정을 찾기 어려웠다. 전쟁이라는 수단이 너무 쉽게 선택되었고 그에
따른 비용은 엄청나게 발생했다. 그런 학습의 효과가 시리아 내전
문제해결에 영향을 끼쳤음을 부인할 수 없다. 이처럼 과거 사실에
대한 올바른 분석을 통해 올바른 교훈을 도출하려는 학습 노력은 중

요하다. 역사를 통해 배우지 못하면 그 역사를 반복하게 된다.

중국 역사상 가장 융성했던 송宋나라의 패망사는 전쟁을 잊은 정치, 전쟁과 분리된 정치의 한계를 보여준다. 송나라는 당 제국 멸망 이후 등장한 오대십국五代十國의 분열을 종식하고 중국을 통일했다. 송나라는 인구가 1억 명이상으로 증가하였고 과학기술은 유럽을 능가하여 세계적인 경제대국이 되었다.● 반면 요遼는 거란족이 당 멸망 후 건국한 유목국가로 발해를 멸망시키고 하동절도사 석경당의 후진 건국을 돕고 그 대가로 연운십육주燕雲十六州(지금의 베이징 근방)를 획득했다. 송은 연운십육주를 회복하기 위해 두 차례 요를 공격했으나 패했다. 1004년 20만 대군으로 요나라가 공격하자 송나라는 연운십육주에 대한 요의 점유를 인정하고 조공을 바치는 조건으로 화친을 맺었다. 이는 다른 유목민족들과의 관계에서 하나의 선례가 되어 송의 국력을 약화시키는 계기가 되었다.

이후 여진족이 세운 금金과 연합하여 요를 물리쳤지만 강성해진 금에 의해 1127년에 북송은 멸망하고 만다. 이어 남송은 잘못된 지도력에 의해 초기의 국방력을 상실하고, 금의 위협에 다시 조공으로 강화를 맺었다가 원元의 힘을 빌려 금을 멸망시켰지만, 끝내 1279년 원에 의해 패망하고 말았다.

송은 북방민족의 위협에 조공으로 강화조약을 맺고, 군사력이 뒷받침되지 않는 줄타기 외교에 의존하여 나라를 지키려다 끝내 멸망

---

● 정순태, 『宋의 눈물』(서울: 조갑제닷컴, 2012).

했다. 아무리 융성한 국가와 국민이라도 희생을 두려워하며 돈으로 평화를 구걸하고 스스로 지키려 하지 않는다면 역사 속에서 영원히 사라질 수 있음을 되새기게 한다.

그런데 송나라도 처음부터 돈이나 타국의 힘에 의존하여 평화를 구걸했던 것은 아니다. 건국 초기 송 태조가 한족의 고유영토였던 연운십육주를 되찾기 위한 북진정책을 펼치다 급서한 후 태종은 무력으로 연운십육주를 수복하고자 원정군을 보냈으나 대패하고 자신도 중상을 입게 된다. 송의 군신들에게는 공요恐遼 심리(나중에는 공금恐金 심리)가 자리 잡았다. 태종은 즉위 후 오월嗚越과 북한北漢, 소국들을 멸망시키며 당나라 이후 중국을 재통일시켰으나 요와의 싸움에서 대패함으로써 북방민족에 대한 두려움을 갖고, 자국의 국방력에 대한 자신감을 상실하게 되었다. 이것이 국방력이 아닌 돈으로 평화를 구걸하는 시발점이 된 것이다. 조공을 바쳐도 국내총생산의 1%에도 미치지 않았기에 부국이었던 송나라는 손쉽게 이 길을 택할 수 있었다. 패배가 가져다 준 학습효과다.

우리도 6·25전쟁 이후 북한의 수많은 정전협정 위반과 테러에 대해 무력 응징이 아닌 제한적 대응만을 거듭해왔다. 이러한 거듭되는 피해와 제한적 대응에 우리 군이 길들지 않도록 유의해야 한다. 그리고 외교력과 동맹국의 군사력에 의존하려는 안보관에 잠식당하지 않으면서 스스로 지켜낼 수 있는 자주국방력과 응징보복능력을 유지해야 한다.

그럼에도 전쟁에 대한 대비를 위해 시대와 정치의 안보관을 살펴야 하는 현실이 안타깝다. 현저한 안보위협이 존재하면 전쟁을 대비하는데 수월하다. 2010년 천안함 피침과 연평도 포격도발, 2013년 국회의원 이석기의 내란 관련 활동 등은 국민안보교육의 확실한 교보재가 되고 있다. 이런 때 국가는 전쟁을 대비한 잰걸음을 해나가는 것이 합당하다. 하지만 현실은 멀다. 리언 패네타<sup>Leon Panetta</sup> 전 미 국방장관이 "전략이 예산을 좌우하기보다 예산이 전략을 좌우하는 시대를 살고 있다"고 말한 것처럼, 우리는 전쟁에 대비한 국방전략을 꾸려나가는데 있어 매우 어려운 시대를 살아가고 있다.

국가안보전략, 국방전략, 군사전략을 수립하는데 있어 중요한 두 축은 현재와 미래의 위협에 대한 평가와 역사가 주는 교훈이다. 올바른 교훈 도출이 전략 수립의 출발점이 됨은 명백하다. 더불어 교훈 도출의 노력들이 통합되고 전략을 수립하는 과정으로 수렴되는 것이 중요하다.


# 제1·2차 세계대전과 기동전

● "제1차 세계대전 때 독일군은 프랑스 전선을 돌파하기 위해 4년 동안이나 허송세월했다. 그러나 1940년 5월엔 이를 위해 불과 4일 밖에 걸리지 않았다. 소위 해머와 쐐기전법은 당시까지의 모든 기본 전술이론을 하루아침에 뒤집어 놓은 지진과도 같은 엄청난 것이었다. 전장에선 전쟁양상의 일대변혁이 일어났다<sup>●</sup>"라고

독일연방군의 전사연구자 칼 하인츠 프리저는 새로운 전법에 대해 군사적인 의미를 부여했다.

독일군이 제2차 세계대전의 서부전역에서 전광석화와 같은 승리를 거둘 수 있었던 이유는 무엇인가? 지난 전쟁에 대한 반성이라는 측면에서 생각해보면, 제1차 세계대전 때 처음으로 전차를 운용한 경험이 이후 각국의 군사이론 발전에 영향을 미쳤고, 제2차 세계대전에서 이를 실천한 것으로 볼 수 있다.

제1차 세계대전 시 철조망, 기관총, 참호에 의해 고착된 전선을 돌파하기 위한 '움직이는 요새진지'로써 영국이 제작한 전차가 1916년 솜Somme 전투에 처음 투입되었다. 1917년 캉브레Cambrai 전투에서는 무려 378대의 전차가 대규모로 투입되었다. 그러나 이런 대규모 전차 투입에도 불구하고 종심 깊은 진출과 대규모 돌파를 달성하지 못했다고 판단한 연합군은 전차의 효용가치에 시큰둥했다.

제1차 세계대전 후 20년간 영국 육군은 전차가 구식 기병과 보병에 대한 지원수단 이상 가는 전투병기이며, 전장에서 기동성을 회복하고 고착된 참호전의 정체현상과 공포를 회피하게 할 수 있다는 점을 받아들이지 않았다. 새로운 전차운용개념의 발전과정에서 초기에는 풀러가 선도적인 역할을 했으며, 그 중반에서는 리델하트Basil Henry Liddle Hart가 주도적인 역할을 했다. 풀러J. F. C. Fuller의 '마비전' 사상과 리델하트의 '간접접근전략'은 영국과 프랑스에게는 그다지 영

●『전격전의 전설』, p.131.

향을 주지 못했다.

그렇지만 독일은 달랐다. 독일군은 제1차 세계대전 시 전차의 등장에 충격을 받았다. 전차 위주의 대규모 부대로 집중돌파하면 적의 심리적 마비를 통해 작전적 종심까지 도달하여 조기에 전쟁의 승리를 달성할 수 있다고 보았다. 이런 이론을 기계화부대의 창설과 운용을 통해 증명해 보인 사람이 바로 '독일 기갑부대의 아버지'로 불리는 구데리안 장군이다. 그는 전차와 기계화부대를 근간으로 하여 여러 병과로 편성된, 기동성 있는 독립부대의 편성을 주창한 장본인이다. 구데리안은 자신의 회고록 『기계화부대장(원제 Erinnerungen eines Soldaten)』에서 "나는 주로 영국 군인들인 풀러, 리델하트 및 마텔<sup>Giffard Le Quesne Martel</sup>의 저서와 논문 덕분에 자극을 받았고, 사고할 수 있는 방식을 얻게 되었다"고 말하고 있다.● 제1차 세계대전의 경험을 통해 전차 및 기계화부대의 효용에 대해 믿음이 있었기에 정작 영국군에게는 영향을 주지 못했던 이론들을 수용하고 구현할 수 있었다.

제1차 세계대전 시 등장한 전차의 역할에 대한 양측의 엇갈린 견해는 제2차 세계대전 시 프랑스 전역의 서전에서 승패를 가르는 분수령이 되었다. 독일군이 우세했다는 일반적인 인식과는 달리 전차의 보유수량 면에서나 성능(주포의 구경이나 장갑의 두께) 면에서 연합군이 앞서 있었다. 오로지 운용개념의 차이가 전쟁의 승패를 좌우

---

● H. 구데리안, 김정오 역, 『기계화부대장』(서울: 한원, 1990), p.48.

했다. 즉 영불연합군의 근본적인 문제는 전차부대를 분산배치한 것이 아니라, 전차를 주로 지원화기로 운용하려는 개념에 있었다. 집중운용에 의한 역습을 수행할 개념, 강력한 정신이 존재하지 않아 수차례의 역습기회를 상실한 것이다.

스당에서 뫼즈 강을 통과한 구데리안 기갑군단에 대해 라퐁텐 장군이 지휘하는 프랑스 제55보병사단은 서식명령을 기다리는 우유부단함에 역습기회를 상실했다. 이어 제10군단 예비대인 제3기갑사단으로 충분히 돌파구 속의 구데리안 부대를 격멸할 수 있었다. 장갑두께 면에서 제3기갑사단이 보유한 호치키스 전차는 45mm, 샤르 B는 60mm였으나, 독일의 IV형 전차는 30mm였다. 또한 이들의 전차는 47mm와 75mm 주포로 어떤 독일군 전차도 감당할 수 없는 무시무시한 화력을 발휘할 수 있었다.[*] 하지만 전차에 대한 철학이 달랐다. 독일군 전차는 작전술 차원의 항속거리를 주파해 적의 종심 깊숙이 돌진할 수 있도록 고안된 반면, 프랑스군의 전차는 보병과 근접한 거리에서 전술적 임무를 수행할 수 있도록 제1차 세계대전 시 보병의 일일 전진거리를 토대로 만들어졌다. 느린 공격속도는 결국 역습시기를 상실하게 했고, 제3기갑사단의 모든 전차는 제3차량화보병사단의 작전통제하에 20km 방어전단에 편제와 상관없이 모든 통로를 막기 위한 코르크 마개처럼 분산되었다. 또다시 일자형 전선을 지켜내려는 시도는 '작전술 차원의 기동전'에 대응하

---

[*] 『전격전의 전설』, p.321.

기에는 시대착오적인 발상이었다.

　방어전단으로부터 100km 후방 종심에 위치한 몽코르네$^{Montcornet}$에서 드골 장군의 제4기갑사단이 실시한 역습이 프랑스 전역의 유일한 역습이었다. 마지노선에 의지한 채 안일한 수세적 사고에만 치중하는 프랑스군은 기갑전력의 집중운용에 의한 역습을 상상해보지 않았으므로 결코 제시간에 시행할 수도 없었다.

　제1차 세계대전 발발 시에도 수적으로나 성능 면에서 우위에 있었던 영불연합군이 초기 전역에서 독일군 기갑전력에게 쓰라린 패배를 경험했던 것은, 전차운용개념이 태생적 미숙을 벗어나지 못했기 때문이다.


# 6·25전쟁과 기갑전력 운용

●　　　　북한군은 전쟁 이전에 소련군 출신 한인들을 중심으로 제105전차여단을 창설하여 예하에 제107·109·203전차연대와 제206기계화보병연대를 편성했다. 제105전차여단은 T-34 전차 242대, 장갑차 54대, 76.2mm 자주포 154문, 사이드카 560대, 트럭 380대를 보유하여 규모로 보면 기갑사단에 버금갔다. 실제로 제105전차여단은 서울 점령 뒤 전차사단으로 승격되어 '서울 사단'이라는 칭호를 얻었다.

　초전의 운용모습을 보면 제203전차연대와 제206기계화보병연대는 적 제6·1사단을 각각 지원하여 개성을 지향하였고, 제105전차여단은 주공인 적 제3·4사단과 더불어 각각 철원과 연천 일대에서 의정부를 거쳐 서울로 공격했다. 아군 방어작전에 가장 큰 위협이 되었던 것은 역시 적·전차였다. 아군은 대전차지뢰를 가지고 있지 않았으며, 57mm 대전차포는 성능이 미약하여 적 전차를 파괴할 수 없는 무용지물이었다. 급기야 대인지뢰, 수류탄, 급조폭약을 안고 돌진하여 육탄으로 적 전차를 막아냈다. 하지만 뜻밖에 정릉 일대로 우회한 적 전차 2대가 후방에서 출현하자 미아리방어선은 무너졌고, 6월 28일 02:40에 대부분의 아군 주력과 피난민이 한강 이북에 남아있는 가운데 한강교가 폭파되었다.

이후 7월 5일 미 24사단의 선두부대로 투입된 스미스 부대Task Force Smith는 오산 북방 죽미령 전투에서 75mm 무반동총과 2.36"로켓포를 운용하였으나 적 전차를 파괴할 수 없었다. 7월 10일 미 공군이 평택 북방에서 적 전차 38대, 자주포 8대를 파괴하는 전과를 거두었으나, 지상군이 대전차화기로 전차를 파괴한 것은 새로 개발된 3.5"로켓포 투입된 이후부터였다.

초전에서 북한군은 전차부대를 보병과 협동부대로 편성하여 운용했다. 전차는 도로 중심으로 기동하면서 아군 방어선에 대한 조준사격으로 보병의 우회공격과 침투공격을 지원했다. 마땅히 전차를 파괴할 수단이 없었던 아군에게 전차의 존재는 매우 위협적이었다.

북한군은 6·25전쟁 당시 전차를 투입하여 아군 방어선을 효과적으로 돌파했다. 얼핏 보기에는 매우 성공적인 전차운용이었지만, 북한군의 분석은 달랐다. 보병지원화기로서 성공적인 작전을 구사하였지만, 미군 증원 이전에 작전적 종심 돌파를 통해 한반도 석권 또는 외교협상의 유리한 여건을 조성하는 데는 실패했다. 따라서 전후 북한군은 전술적 돌파를 작전적으로 확대하는데 필요한 기갑전력의 확충과 편성, 집중운용개념의 보완을 지속적으로 추구했다. 1990년대 이후에는 강화된 적 특수작전 전력과 배합을 통해 아군 방어선을 조기 무력화하고 작전적 종심으로 돌파를 시도하는 개념으로 바뀌었다.

증강된 기갑전력을 집중운용한다는 것은 하위제대가 달성한 성과를 순차적으로 확대하기보다는 전방사단에서 전선돌파를 시도할 때에도 집단군의 기갑전력을 대거 투입할 수 있고, 전방사단이 형성한 돌파구에 집단군과 전선사령부 예비가 집중 투입되어 조기 수도권 고립, 야전군 격멸을 시도할 수 있음을 의미한다.

이는 우리 군이 제대별로 보유한 기갑전력을 보병지원무기 위주로 순차적으로 운용하고자 한다면 적의 집중운용에 의해 전술적 운용템포가 차단당할 수 있음을 의미한다.

6·25전쟁 초기 북한군 전차의 위협은 우리 군에게 대전차 방어의 중요성을 각인시키기에 충분했다. 이후 우리 군은 대전차 방벽과 지뢰, 대전차 무기, 전차 등 대전차 방어전력을 다각도로 확충했다. 하지만 이러한 대응개념에는 논리적 오류가 있다. 6·25전쟁 초기 전차운용의 경험에서 북한군이 얻은 교훈은 '기갑전력의 집중운용과 작전적 돌파'인데 반해 우리군은 '대전차 방어'에 치중하고 있다는

것이다. 이러한 예로 전방 사단·군단의 기갑부대가 예하부대에 조기 할당되어 보병지원화기로 운용되는 사례를 종종 볼 수 있다. 급기야는 군 예비인 기계화부대를 군단 지역에 조기 투입하도록 재촉하고 있다. 마치 제2차 세계대전 시 서부전역에서 연합군이 제3기갑사단을 제3차량화보병사단에 배속시켜 제대구분도 없이 잘게 나누어 보병지원화기로 사용했던 어리석음을 연상케 한다.

# 독일군의 교리 발전

●　　　　어떤 조직을 운용하는 데 필요한 원칙이나 지침을 일컬어 '교리Doctrine'란 말을 사용한다.

군사교리Military Doctrine란 "국가목표를 달성하기 위해 국가적 여건을 고려하여 공식적인 군사행동의 지침으로 승인된 군사행동체계"● 라고 정의한다. 군사교리는 이론이나 사상과 같이 학문적 차원이나 이론적 연구대상으로만 존재하는 것이 아니다. 실질적으로 특정 국가의 군사행동을 지배하는 주관적 군사철학이자 실제 군사행동을 하고자 할 때의 군사적 행동지침이 된다.

군사교리와 연관한 용어 중에는 군사사상, 군사이론이 있다. 이 셋은 군사적인 사물과 현상을 다룸에 있어서 조금씩 다르다. 군사적

---

● 『군사이론연구』(대전: 육군교육사, 1987), p.22.

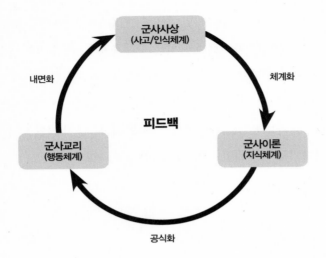

**군사교리·군사사상·군사이론 관계**

현상에 대해 체계와 형식을 갖춘 인식내용을 '군사사상'이라고 하고, 군사사상을 이론적으로 체계화하면 '군사이론'이 된다. 이 군사이론을 군사적 행동지침으로 공식화하면 '군사교리'가 된다.

19세기 클라우제비츠나 조미니 같은 걸출한 서양의 군사이론가가 나타나기 전에는 전쟁의 상황이란 변화가 심하고 독특하기 때문에 추상적인 원칙이나 이론보다는 경험에 바탕을 둔 직관이 올바르다는 입장에서 군사교리의 존재에 대해 회의적인 시각도 존재했다. 하지만 오늘날에는 전쟁을 좌우하는 원·준칙이 존재함을 일반적으로 인정한다. 각국은 공식적인 인정 절차를 거쳐 군사교리를 발전시켜 적용하고 있다.

국가적 여건에 맞게 군사교리로 공식화되는 과정에 불완전함이 끼어들 틈이 있겠는가라고 생각이 들지만, 오류 가능성이 존재한다. 하지만 다수에 의해 이미 내면화된 군사교리의 큰 틀을 수정하는 것은 모두가 공감할 수 있는 공통된 깨달음이 존재하기 전에는 쉽지 않은 일이다.

또 다른 전쟁을 통해 천문학적 비용을 지불하기 전에, 그리고 뭔가 충격적 깨달음이 있기 전에 군사교리의 오류를 찾고 이를 바로잡는 데는 한 가지 대안이 있다. 그것은 군사교리를 연구하고 발전시키는 데 있어서 권위와 능력을 인정받은 공식적인 전문가 집단의 존재다.

국가마다 군사교리를 연구하고 정립하는 데는 나름의 방식을 따른다. 일반적으로 우리나라나 미국에서는 교육기관에서 교리연구를 병행하는 경우가 많다. 그런데 독일의 경우에는 조금 다르다.

대략 10년 주기로 이루어지는 독일 육군의 기본교리 개정작업에는 몇 년의 시간이 소요된다. 예를 들어 독일은 1994년 초 육군참모총장의 지시에 따라 '기본교리 개정실무위원회'를 지휘참모대학 내에 편성하여 육군에서 가장 우수한 대령 1명을 선발, 육군참모총장에 의해 개정실무위원회 위원장으로 직접 임명하여 운용했다.•

인적구성으로는 교범별로 대령 1명과 2~3명의 중령급 연구위원들로 편성했다. 그들은 2년간 1차 초안 작업을 완료하고 발간년도인 2000년까지 약 5년간 3차에 걸친 주요 직위의 장군들 및 실무자

---

• 주은식, "'임무형 지휘' 정착을 위한 제언", 『軍事評論』, 404호 (2010), pp.84~85.

들에 의한 검토뿐만 아니라 육군참모총장으로부터 수시로 결심과 지침을 직접 구하는 등 일련의 과정을 거쳐 발전시켰다. 이 밖에도 나토동맹국 육군이 보유한 교범들을 분석하고 그 내용 중 독일 육군과의 상호운용성을 보장하는데 필요한 요소들을 도입했다. 또한 미국, 영국, 프랑스 등 동맹군 육군 장교들과 수차례 토의를 통해 교리 개정이 이루어졌다.●

개정실무위원들은 육군참모총장이 지휘관 회의를 통해 군단장과 사단장이 추천한 우수장교로 편성했다. 교리를 연구하기 위한 전문가 집단을 야전 지휘관의 추천을 받아 편성하는 것은, 그 집단의 연구결과에 대한 신뢰도를 높인다는 점에서 매우 중요하다. 그렇게 하면 연구결과가 야전과 동떨어진 학교기관만의 산물로 전락하지 않는다.

구체적으로 독일군 '부대지휘교범(HDv 100/100 Trurppenfüh-rung)'을 작성하는 과정을 들여다보자. 독일군 지휘참모대학 내 JACOP^Arbeitsgruppe Joint and Combined Operations 그룹이 작성 책임을 맡았다. 먼저는 교범 작성을 위해 전례를 수집했다. 총 30개의 전례가 연구를 위해 선정되었는데, 이는 공간적으로는 독일 국내를 넘어 유럽 전체를 다루고 있고, 시간적으로는 17세기 30년 전쟁, 18세기 7년 전쟁, 18~19세기 나폴레옹전쟁, 19세기 독일 제국 통일전쟁, 제1·2

---

● 류제승, 『독일 육군보고서』(2001), pp.121~128. 주은식, "'임무형 지휘' 정착을 위한 제언"에서 재인용.

차 세계대전을 거쳐 대전 후 20세기 각종 무력분쟁까지 망라했다.●

전례 연구과정은 처음에는 독일 육군 차원에서 국내 사례만 연구하였으나, 1997~1999년에는 프랑스 육군 군사위원회와 협력하는 공동 프로젝트로 추진했다. 이를 통해 국제적 차원에서 전쟁사를 고찰할 수 있었다. 폭넓은 전례연구 노력은 교리에 대한 편협성과 오류를 최대로 줄여준다. 특히 나토의 일원으로 참여하는 독일군의 특성을 고려하면 상호 운용성을 고려한 연구가 필수적일 것이다.

각 전례는 동일한 형식을 통해 연구되었는데, 각 전례의 전개과정을 설명한 다음 부대지휘의 관점에서 평가하고, 마지막에 교리를 이끌어냈다. 결국 그 교리라는 것은 '부대지휘교범'에 기술된 내용들이다.

교리가 발간되고 활용되는 과정 속에서 간부들의 전술적 개념의 일치를 위한 독일연방군의 노력 또한 이채롭다. 가장 큰 역할을 하는 것은 바로 육군전술센터TZH: Taktikzentrum des Heeres이다.●● 육군전술센터는 지상군의 제대별·병과별 일관된 교리 발전과 장교교육을 위해 1980년 10월 하노버에서 창설되어, 독일 통일 후 1998년 독일 육군 장교학교가 있는 드레스덴Dresden으로 이전했다. 센터장은 장군참모 양성과정을 수료한 대령급 장교가 수행하며 주요 임무는 다음과 같다.

---

● 김종호 역, 『부대지휘의 원칙』(대전: 육군대학, 2007), 서문~p.3. 부대지휘교범(HDv 100/100)의 부록형태로 발간된 전례 연구서를 번역한 책이다.
●● 주은식, "'임무형 지휘' 정착을 위한 제언", pp.74~76.

① 육군의 통일된 전술관 정립을 위한 훈련 상황 개발

② 육군 전술의 지속적인 발전을 위한 노력 경주

③ 컴퓨터를 활용한 전술교육 개념의 구체화 및 교육

④ 육군의 모든 학교기관의 전술관 일치를 위한 전술교육 상황 조정

⑤ 대대급 훈련을 위한 전투훈련 시뮬레이션 시스템 지휘

⑥ 전술과 관련된 육군의 장군들의 교육 지원

전술센터는 육군의 통일된 전술관 공유를 위해 보수교육을 중점으로 전술교리를 표준화하고, 주기적으로 간부교육자료로 전술상황과 표준답안을 배포하는 등 노력을 기울이고 있다.


# 4세대 전쟁과 종북세력

●　　　　테러와의 전쟁을 수행해온 미군은 결정적인 재래식 전투에서 화려한 승리를 거둔 다음에 재건과 안정화작전 과정에서 큰 어려움에 직면했다. 보이지 않는 적, 전선이 없는 적과 싸움이 시작된 것이다. 직접적인 교전이나 전투에서보다 더 많은 사상자가 발생하는 안정화작전 단계는 미군에게 새로운 도전으로 다가왔다. 그것을 미군은 '4세대 전쟁'이라고 부른다.

4세대 전쟁이란 적의 군대를 직접 공격하여 전쟁에서 승리하기보다는 적 정치지도자가 군사력 사용 즉 전쟁을 포기하게 만들려는 전쟁양상이다. 인력 위주의 1세대 전쟁이나 화력 위주의 2세대 전쟁,

기동 위주의 3세대 전쟁과는 달리 심리전을 포함한 비대칭·비정형의 수단을 위주로 하는 새로운 전쟁양상을 의미한다.

### ◆ 마오쩌둥의 인민전쟁(1921~1949)

토머스 햄스<sup>Thomas X. Hammes</sup>는 『21세기 제4세대 전쟁(원제 The Sling and the Stone)』에서 중국 마오쩌둥의 인민전쟁을 4세대 전쟁의 기원으로 보았다. 1단계는 정부군과 직접적인 대결을 피하고 농민들을 공산당 편으로 끌어들이는 전략을 취함으로써 정치적 힘을 구축하는 데 집중했다. 2단계는 농민(대다수 인민)의 전폭적인 지지 및 지원을 기반으로 게릴라전 형태의 유격전을 전개했다. 3단계는 공산당의 우세를 달성한 후 최종적으로 그간 예비로 보유하고 있던 공산당 정규군을 투입하여 정부군을 격멸함으로써 승리를 달성했다.

### ◆ 베트남 전쟁(1964~1975)

마오쩌둥의 농민을 기반으로 한 분란전 모델을 적용하면서 남베트남을 지원하는 미국 정치지도자의 정치적 의지를 굴복시키려 했다. 이를 위해 국제적으로 반전여론을 조성하고 선전전을 펼치는 등 미국을 대상으로 정치전쟁을 했다.

### ◆ 니카라과 내전(1961~1979)

쿠데타로 정권을 탈취한 후 장기 집권하던 소모사<sup>Somoza</sup> 일족과 이에 대항하는 좌익무장세력인 산디니스타 민족해방전선<sup>FSLN: Frente de</sup>

Sandinista Liberation National 사이에 벌어진 내전이다. 산디니스타 조직은 농민포섭에는 실패하고, 유복한 가정 출신 대학생들을 마르크스 사상으로 무장시켰다. 특히 가톨릭 종교인들을 시작으로 정부관료 및 군 고위직 등 세력을 구축했다. 기반을 토대로 산디니스타 무장혁명 조직은 국민들과 국제여론에게 자신들은 공산주의자가 아니라 단지 부패한 정부를 타도한 후에 올바른 정부가 수립되기를 원하는 온건파라는 것을 확신시키기 위해 노력했다. 마오쩌둥의 경우에는 농촌 인민들이 게릴라를 지원하였으나, 산디니스타 무장혁명조직은 국민들의 무수한 저항활동(대모, 집회 등)에 게릴라를 급파하여 저항활동 중인 다수의 국민들을 선전 및 선동함으로써 정부에 장기간 대항하도록 했다. 그들은 무장세력 없이 국민적 저항활동과 국제적 여론을 확산시켜 정부 붕괴, 공산주의를 실행했다.

#### ◆ 팔레스타인 해방전쟁과 인티파다intifada●

강력한 이스라엘 군대와 맞서 비무장 군중들이 돌멩이 하나로 가자지구에서 이스라엘군을 철수시킴으로써 정치적인 승리를 이룬 역사적 사건이었다. 제일선에 소년 및 소녀들을 배치한 후 오로지 돌멩이 하나로 맞서게 하고, 총과 전차로 무장한 이스라엘군을 잔인한 정복자로 인식하게 했다. 국제사회의 여론은 팔레스타인을 지원하

---

● '인티파다'는 아랍어로 봉기·반란·각성 등을 뜻한다. 여기서는 제2차 세계대전 후 국제연합이 이스라엘만 국가로 인정한 후 팔레스타인인들이 이스라엘의 통치에 저항하여 일으킨 민중봉기를 의미한다.

기 시작하였으며 이스라엘과 미국은 비난의 대상이 되었다. 결국 그들은 국제사회 여론과 이스라엘 내 좌익세력에게 정치적으로 패배하여 이스라엘 영토 일부를 팔레스타인인들에게 양도하게 되었다.

## ◆ 알아크사 인티파다

이스라엘이 팔레스타인의 전략을 역이용한 것으로 강경론자인 아라파트가 이끄는 팔레스타인 해방기구(PLO)가 인티파다를 주도했던 세력들을 대신하여 저항운동을 주도하게 되면서 평화협정을 반대하고 무장투쟁을 시작했다. 그래서 이들은 '잔인한 이스라엘 점령군에게 저항하는 평화로운 사람들'이라는 이미지를 멍청하게도 다시금 총을 들고 화염병을 던지는 테러리스트라는 이미지로 원상 복귀시켰다. 이는 이스라엘이 정규군을 투입시킬 수 있는 암묵적 승인을 국제사회로부터 얻어내는 구실로 사용되었다.

## ◆ 소련-아프가니스탄 전쟁과 부족연합항쟁

1979년 소련은 아프가니스탄의 공산주의 정권을 지원함으로써 아프가니스탄을 위성국가로 만들기 위해 3만 명의 병력으로 아프가니스탄 침공을 감행했다. 아프가니스탄 부족들은 내부투쟁을 중단하고 소련군에 맞서 10년간 매복과 암살, 사보타주 등을 활용하는 전략을 펼쳤다. 또한 외부적으로는 미국을 비롯하여 영국, 케나다 등 서방국가와 공산권 맹주를 놓고 대립하던 중국도 무자헤딘을 지지하였으며, 사우디아라비아, 리비아, 이란, 인도네시아, 파키스탄, 방글라데시 등 이슬람권 국가들도 공식적 혹은 비공식적으로 자금과 각종 무기를 지원했다. 반면, 소련은 대게릴라 전략으로 화력과 기동에 의한 초토화작전을 채택했다. 결국 장기간에 걸쳐 연합한 부족들의 소규모 게릴라전에 의해 소련군은 2만 5,000명의 피해를 입은 후 패배를 인정하고 1989년 2월에 철수했다.

### ◆ 이라크 전쟁과 이라크인 무장세력 공격

2001년에 발생한 9·11테러 후 미국은 자국과 세계평화를 보호한다는 명분하에 2003년 3월 20일 이라크를 공격, 사담 후세인 정권을 제거하고 이라크 정규군을 격멸한 후 2003년 5월 1일에 종전을 선언했다. 하지만 미군의 피해가 속출하는 진정한 전쟁은 그 이후에 시작되었다. 이라크 무장세력의 공격으로 매일 미군이 사망하였고, 매월 1~2대의 헬기가 추락함으로써 전쟁기간보다 더 많은 사상자가 발생했다. 이라크 무장세력은 매스컴을 통해 미군의 포로와 민간인 학대 등을 선전하여 국제적인 지지를 얻었고, 동시에 미군과 동맹군의 포로를 공개 참수하여 전의 상실을 도왔다.

이처럼 전쟁의 양상은 복잡해졌고, 첨단기술력만으로는 전쟁을 종결하기가 어렵게 되었다. 토머스 햄스는 4세대 전쟁을 위한 미군의 대비방안에 대해서 다음과 같이 주장했다.

① 범국가적 차원의 관계부처 합동대응시스템을 구축해야 한다. 이에 대한 대답으로 미국은 국토안보부를 창설하여 민·관·군의 22

개 핵심기관 기능을 통합함으로써 미 본토에서 발생할 수 있는 각종 테러 등에 대한 예방활동과 비상시 대응 등을 준비하고 있다.

② 전투에서의 승리가 아니라 전쟁에서의 승리를 추구해야 한다. 전쟁은 군사력만을 이용하는 것이 아니고 정치, 경제, 사회 등 가용한 국력요소를 모두 이용하는 것이며, 군사력을 이용하는 전투가 아니라 궁극적인 전쟁을 바라봐야 한다.

③ 첨단기술과 무기보다는 4세대 전쟁에 적합한 사람을 육성해야 한다. 4세대 전쟁을 수행할 수 있는 인력을 확보한 후 전문적인 교육을 시행해야만 4세대 전쟁에 효율적으로 대응할 수 있다.

④ 장교교육을 통해 외국의 역사(전사), 문화(언어)에 관해 능통한 지역전문가를 육성해야 한다. 평시부터 세계 각 지역에 대한 전문가를 양성함으로써 국가의 근본이 되는 사람들의 의식과 정치형태와 여론형성 메커니즘, 이것들에 영향을 주는 주변환경요소 등에 대한 충분한 데이터베이스를 구축해 두어야 한다.

⑤ 4세대 전쟁양상에 대한 정치, 경제, 사회, 군사 다방면에 걸친 통합적인 조치과정을 숙달해야 한다. 이제는 군사적인 평면적 도발은 하급수준의 위협이 되었다. 다방면에 걸친 복합적 상황을 상정하고 국가의 여러 기능이 통합된 전쟁을 수행할 수 있어야 한다.

최근 한국사회 제도권 내로 들어와 활동하던 종북세력의 실체가 드러났다. 북한은 이들 종북세력과 연대하여 각종 사회적 갈등에 참여하여 대립을 극화시켜서 정부의 무능과 오만을 부각시키며 미디어전을 자행할 것이 분명해 보인다. 또한 국내의 각종 인적 데이터와 네트워크 기반들을 제공하여 사이버전을 획책하고, 결정적 시기에 사회혼란을 야기하기 위해 종북세력으로 하여금 사회간접시설, 군부대 등을 대상으로 테러를 가하도록 할 수 있다.

북한의 군사이론체계는 마르크스·레닌의 민중봉기혁명과 마오쩌둥의 전쟁관을 기반으로 하고 있다. 이미 1964년에 제시하여 오늘날까지 북한 통일정책의 기조가 되고 있는 3대 혁명역량 강화노선을 통해 우리 국민들을 정치적으로 각성시키고 굳게 결집하여 남한의 혁명세력을 강화하고자 노력하고 있다. 그리고 국제분쟁에 대한 학습을 기반으로 1990년대에 이미 20만에 달하는 특수작전부대를 구축했다. 그들은 이라크 공화국수비대와 민병대의 게릴라 전술을 보았고 아프가니스탄의 산악을 중심으로 한 게릴라 투쟁을 지켜보았다. 또한 미국에 대한 적대의식의 공감과 무기 제공 등으로 국제범죄조직, 테러단체, 분쟁세력들과 연대하고 있다. 무엇보다 이미 6·25전쟁 당시 전쟁 발발 전에 한국군 내 반란사건, 사회적 데모와 폭동, 대대급 부대의 월북, 국군 내부에 존재했던 간첩 등으로 초전 혼란을 야기하여 제대로 된 초기대응을 차단했다. 또한 빨치산들이 유격전을 수행하여 반격작전 동안 후방의 혼란을 유발했다. 이와 같이 4세대 전쟁은 한반도 전쟁양상 속에 오래전부터 존재해왔으므로 현존위협으로 인식하고 대비해야 한다.

4세대 전쟁에 관한 논의가 활발해지면서 새로운 시각으로 현실을 재인식 및 분석하고자 노력하고 있다. 그런데 우리는 현재의 위협 가운데 엄연히 존재해온 사실들을 다른 나라의 시각을 통해 재인식하느라 먼 걸을 돌아가고 있다. 인식의 틀을 차용하려고만 하지 말고 현존 위협에 대한 올바른 분석과 교훈을 도출하는데 힘써야 한다.

독일에서 전쟁이론이 깊이 있게 발전할 수 있었던 것은 헤겔이나 칸트 등 관념철학의 발전과 국민대중 사이에 공유된 지식기반이 있었기에 가능했다. 오늘날 실용지식이나 기술 발전에 있어서 선구적인 한국사회지만 깊은 사유 노력과 집단지성의 축적 면에서는 빈약하다. 이러한 터전에서 탁월한 군사이론과 사상이 홀로 발전하기란 제한되지만 국가 생존을 위한 위기감을 가지고 조직적이고 체계적인 연구 노력을 계속해나가야 한다.


# 되새김

●       과거와 부단한 대화를 통해 현재와 미래를 위한 올바른 지혜를 구하지 않는다면, 과오는 반복될 것이다. 과거를 현재의 시각으로 재분석하고 교훈을 도출해야 한다. 분석의 틀은 전쟁의 차원이 확대됨에 따라 지속적으로 변해야 하며, 과거의 틀만을 고집하거나 올바른 분석을 행하지 않은 채 고정된 사건이나 사실로만 받아들여서는 안 된다.

부단한 분석노력에 더해 올바른 방향으로 분석되었는지를 돌이켜봐야 한다. 제2차 세계대전 초기 프랑스 전역에서 보인 연합군의 방어계획은 제1차 세계대전의 경험요소에 대한 잘못된 분석에서 비롯되었다. 고착된 참호를 먼저 벗어나 공격해 들어가는 쪽이 심대한 피해를 입게 되니 준비된 진지와 장애물에 의해 보강되는 방어가 더 강력한 작전형태라는 클라우제비츠의 유훈에만 사로잡혔던 것이다.

6·25전쟁 시 북한군의 기갑부대에 대한 분석을 기초로 한 우리의 장차 기갑전력 운용에 있어서 오류 가능성을 경계해야 한다. 집단체면으로 인한 오류 속으로 흘러가게 될 때 이를 바로잡을 수 있는 시스템을 가져야 한다. 즉 전쟁사에 대한 올바른 분석을 군사교리에 반영하고 교육훈련 현장으로 환류시킬 수 있는 체계를 갖추어야 한다.

독일군 교리연구체계와 전술센터는 좋은 예가 될 수 있다. 전쟁사를 연구함에 있어서 공감할 수 있는 권위를 갖추고 주변국과 교류를 통한 객관적으로 도출된 교훈을 기초로 군사교리를 정립했다. 뿐만 아니라 전술센터가 교리 발전과 공감대 형성, 간부교육을 위해 훈련 상황과 표준답안을 구성하여 야전부대에 전파하고 교육훈련을 이끌어가고 있음에 주목해야 한다.

동맹국 교리를 참고하고 한반도 전구의 위협평가에 기초한 대응 전투수행방법을 지속적으로 고민하여 교리를 발전시켜야 한다. 그렇다고 미국을 비롯한 타국 교리나 군사이론의 틀을 통해서만 현상을 바라보려 해서는 안 된다.

전쟁사와 안보현실에 대해 부단히 관찰하고 분석하고 사유하는 노력을 통해 현재와 미래의 위협에 대한 대비책을 이끌어낼 수 있다. 이를 위해 적극 나서야 한다.

# 09

# 우연
## 익숙함과 융통성으로 이겨라

. . .

전쟁은 확률 계산이다. 확률 속에는 우연이 상시 존재하며, 전쟁과 우연은 불가분의 관계에 있다. 불확실성과 마찰이 만들어내는 우연을 극복하기 위해 먼저 우연에 익숙해져야 하며, 융통성을 가져야 한다. 전쟁에서는 모든 것이 단순하다. 그러나 가장 단순한 것이 어렵다.

# 불확실성과 마찰

●        전쟁은 계산식에 의해 승패를 가르는 함수가 아니라 승리의 개연성을 계산하는 확률이다. 승리를 향한 많은 노력에도 불구하고 전쟁에는 여전히 우연의 여지가 존재한다. 클라우제비츠는 『전쟁론』에서 전쟁과 우연은 불가분의 관계에 있다고 말한다.

지금까지 우리는 전쟁의 객관적 본질이 전쟁을 확률계산으로 만든다는 것을 명확히 인식했다. 이제 전쟁을 도박으로 만들기 위해서는 최종적으로 한 가지 요소가 더 필요하다. 이 요소와 전쟁은 불가분의 관계이다. 그것은 우연이다. 전쟁처럼 우연과 지속적이고 보편적인 관계에 있는 인간의 활동은 없다. 이 우연의 요소를 통해 추측과 행운은 전쟁에서 중요한 역할을 차지한다.●

● 『전쟁론』, p.51.

정보의 부족에서 오는 불확실성으로 인해 예측되지 않은 영역, 확률적으로 발생 가능성이 낮은 영역에서 불쑥 '우연'이 발생한다. 생존을 향한 극단적인 노력을 수반하는 전쟁은 우연의 요소와 불가분의 관계에 놓인다.

정보에 관해 손자와 클라우제비츠는 극명한 차이를 보인다. 손자는 피아의 능력과 의도, 천문와 지리 등에 대한 만족할 만한 정보를 획득하고, 이를 기초로 주도면밀한 작전계획을 수립하며, 계획대로 작전을 수행할 수 있다면, 첫 대적 이전에 승리를 알 수 있다고 말했다.

---

무릇 싸우기 전에 묘산에서 이기는 것은 계산한 것이 많기 때문이며, 싸우기 전에 묘산에서 이기지 못하는 것은 계산한 것이 적기 때문이다. 계산한 것이 많은 쪽이 계산한 것이 적은 쪽을 이기는데, 어떻게 계산하지 않을 수 있겠는가! 나는 이런 점을 보기 때문에 승부를 명확히 알 수 있다.(夫未戰而廟算勝者, 得算多也. 未戰而廟算不勝者, 得算少也. 多算勝, 少算不勝, 而況於無算乎. 吾以此觀之, 勝負見矣.)●

---

반면에 클라우제비츠는 손자의 주장에 대해 정반대 입장이다.

---

● 『손자병법』, 시계편(始計篇).

이성은 항상 투명성과 확실성을 추구하려는 경향이 강하지만, 정신은 때때로 불확실성에 이끌려 지각하기도 한다. 인간의 이성은 자신이 낯설게 느끼는 공간, 즉 모든 친숙한 대상들이 떠난 것처럼 느끼는 공간에 거의 무의식적으로 들어서야 할 경우 철학적 탐구와 논리적 추론의 좁은 오솔길을 헤쳐나기보다는 상상력과 함께 우연과 행운의 영역에서 안주하기를 원하기 마련이다. 이성은 빈약한 필요성보다는 풍부한 가능성에 탐닉한다. (…)

전쟁술은 결코 완전한 절대성과 확실성을 성취할 수 없다. 우연의 여지는 사건의 규모가 크든 작든 어디든지 존재한다. 우연이 한 편에 있다면 용기와 자신감이 다른 한 편에 위치하여 균형을 유지해야 한다. 용기와 자신감이 커지면 그만큼 우연의 여지도 커진다.●

전쟁은 복잡하고 예측할 수 없는 불확실성, 우연을 가지고 있다는 클라우제비츠의 주장은 군사이론에서 선구적이었으며, 전쟁사에 공헌한 바가 크다. 손자와 클라우제비츠의 정보에 대한 주장은 그들이 살던 시대와 그들이 말하고자 한 전쟁의 수준 측면을 감안하여 이해해야 한다. 기원전 6세기 춘추시대에는 비교적 물리력의 평면적인 충돌이 이루어졌으며, 제후국들 사이에서 간첩을 활용한 정치·전략

---

● 『전쟁론』, pp.52~53.

적인 정보를 사전에 획득했을 경우에 절대적인 결과를 이끌어낼 수 있었다. 손자는 정치·전략·작전·전술 등 모든 수준에서 정보에 관심을 기울이고 있다. 반면 클라우제비츠가 살던 19세기 초의 유럽은 수단과 방법 면에서 극도로 확장된 전장을 경험하면서도, 이를 뒷받침할 통신수단이 없어서 정보를 적시적절하게 얻는 것이 불가능했다. 하지만 클라우제비츠가 정치와 전략적 정보의 중요성까지 부인한 것은 아니며, 전투현장의 하위수준의 정보에 관해 말하고 있다.

손자가 불확실성의 문제에 대해 정보 획득을 추구했다면 클라우제비츠는 지휘관의 직관과 주관적 판단에 의지하고자 했다. 그래서 지휘관의 천재성에 대해 언급한 것이다. 나폴레옹이라는 천재적 지휘관이 유럽 대륙을 휩쓴 시대상에 대한 학습 효과일 것이다. 하지만 나폴레옹도 징병에 의해 늘어난 군과 산병전술에 의해 확대된 전장에 대한 지휘를 참모의 도움 없이 지휘관 자신만의 능력에 의존하려 했기에 패배의 길을 걷게 되었다.

가용한 시간과 정보의 양은 반비례한다. 정보의 완전성을 기하려다가 전기를 놓치지 않아야 한다. 전장의 모든 영역에 관한 정보를 획득하기란 불가능하며, 부족한 정보 가운데서 희미한 불빛과도 같은 전기를 발견하려는 혜안과 이를 좇으려는 용기가 필요하다. 하지만 직관에만 의지하려는 태도는 정보 획득에 소극적이거나 한정된 정보에 근거한 판단과 결심을 하지 않도록 경계해야 한다. 직관은 전장에 대한 혜안과 용기에서 나오지만, 이는 평시에 부단한 노력을 통해 양성할 수 있다.

전장에서 우연을 만들어내는 또 하나의 요소는 마찰이다. 이것 역시 정보와 밀접한 관련이 있다. 적절한 정보를 얻지 못하거나 제때에 전달하지 못할 때, 전장에서는 더 큰 마찰과 직면하게 된다. 이러한 마찰은 우연과 만나서 예측할 수 없는 현상을 초래한다.

---

전쟁에서는 모든 것이 단순하다. 그러나 가장 단순한 것이 어렵다. 이 어려움이 누적되면 전쟁을 체험하지 못한 사람은 제대로 상상할 수 없는 마찰을 야기한다. (…) 전쟁에서도 계획단계에서는 결코 정확히 고려될 수 없는 무수한 작은 상황들의 영향으로 말미암아 모든 것의 능률이 저하되고 결국 목표에 훨씬 못 미쳐 좌절하게 된다. (…) 마찰은 실제 전쟁과 탁상 전쟁을 구분하는 유일한 개념이다. 군사조직, 군 그리고 군에 속한 모든 것은 본질적으로 매우 단순하므로 다루기 쉽게 보인다. 그러나 그 가운데 어떤 부분도 단일체로 구성되어 있지 않고 모든 것이 전 방위로 독특한 마찰력을 지닌 여러 개체들로 복합적으로 구성되어 있다는 것을 염두에 두어야 한다. (…) 전쟁에서의 행동은 저항이 있는 물질 속에서의 운동이다. 경쾌하고 정확하게 행할 수 있는 단순한 걷기도 물속에서는 쉽게 이루어질 수 없다. 마찬가지로 평범한 힘으로는 전쟁에서 평균적인 수준밖에 유지 못한다. ●

---

● 『전쟁론』, pp.102~103.

불확실성과 마찰이 만들어내는 우연을 극복하고 전쟁에서 승리를 일구는 것이 모든 군인의 과제이다. 우연이 없이 확실성만이 지배하는 전장을 기대하거나 우연을 외면하려 해서는 사소한 우연의 발생에도 균형을 상실하여 패배의 길에 들어설 가능성이 크다.

먼저 마찰은 전장상황에 대한 익숙함으로 극복할 수 있다. 물론 수많은 전쟁을 통해 백전노장이 된다면 마찰을 당연한 일상으로 받아들여 흔들림 없이 이를 극복할 수 있을 것이다. 결정적 전쟁을 수행하기 위해 무수히 많은 전쟁을 통해 숙련된 군인들을 길러낼 수 없다면, 전쟁을 대신할 수 있는 실전적 상황을 포함하는 기동훈련이 군인들에게 익숙함을 가져다 줄 수 있다.

---

전쟁에 대한 익숙함은 극단적 노력을 기울이는 상황에서도 육체를 강화시키고, 심각한 위험 상황에서도 정신을 강화시키며 최초 전쟁의 인상에 대한 판단력을 강화시켜 준다. 전쟁에 대한 익숙함은 기병과 보병으로부터 사단장에 이르기까지 고귀한 신중성을 부여해주며 최고사령관의 행동을 용이하게 해준다. 어두운 방안에서 인간의 눈은 동공을 확대해 잔존하는 빛을 흡수함으로써 점차 사물들을 식별하다가 마침내 확실하게 알게 되는 원리와 같이, 전쟁에서 숙련된 군인의 경우도 마찬가지이다. 반면에 초보자는 칠흑같이 깜깜한 밤에 헤매는 형국이다. •

---

두 번째로 전쟁에서 발생하는 우연에 적절히 대응하기 위해서 적절한 융통성을 구비해야 한다. 융통성은 지휘관의 정신적 유연성과 물리적 대응력의 융통성으로 구분할 수 있다. 지휘관의 정신적 유연성은 정보 부족으로 불확실한 현실에서 지나치게 정확성을 기하지 않는 인내와 최초 계획에 얽매이지 않고 발생 가능한 다양한 상황에 정신적으로 대비하는 것이다. 우연에 대한 부하들의 시각을 좌우하고 적응력을 높인다.

---

불리한 영향을 미치는 큰 우연이 발생하면 최고도의 기술, 침착성, 노력 등이 요구된다. 이와 관계가 먼 사람들의 눈에는 이 모든 것이 자동적으로 이루어지는 것처럼 보일 수 있다. 마찰에 관한 이러한 지식은 훌륭한 장군이 보유해야 할 전쟁 경험의 핵심 부분이다. 물론 마찰에 지나치게 얽매인 관념을 가진 장군은 최고의 장군일 수 없다(전쟁을 경험한 장군 가운데 마찰을 두려워하는 여러 부류의 장군들이 있다). 마찰을 극복하고 그로 인해 불가능한 활동에서 무리하게 정확성을 기대하지 않으려면 장군은 마찰에 대해 알아야 한다.**

---

- 『전쟁론』, p.105.
- ** 『전쟁론』, p.104.

또한 물리적 대응력에 있어서 융통성을 가져야 한다. 기동부대, 화력, 기동장애물, 합동자산 등 다방면에서 충분한 예비를 보유하되 필요로 하는 반응속도를 갖추어야 한다. 이러한 예비를 투입하여 사용한 경우에는 새로운 예비를 보유하도록 노력해야 한다. 자신의 예비를 소진하여 더 이상의 융통성을 보유하지 못한 가운데 우연적 상황이 발생했을 경우에는 상급부대의 융통성이 투입될 수 있도록 사전 연계가 필요하다.

정보의 부족에서 비롯된 불확실성과 마찰이 유발하는 우연을 어떻게 유연하게 대처하고 극복하느냐가 전쟁의 승패를 좌우한다.

## 워털루 전투

●        엘바 섬에서 탈출에 성공한 나폴레옹은 황제로 복귀했다. 그는 유배기간 동안 루이 18세에게 봉직했던 장군들을 용서하고 유럽 각국에 평화선언을 했다. 그러나 연합국들은 이를 받아들이지 않고 나폴레옹을 다시 타도하려고 나섰다. 이에 나폴레옹도 연합군이 합류하기 전에 각개격파할 목적으로 대군을 결성하여 출병에 나섰다.

나폴레옹은 전역 초기에 좌익에는 네<sup>Michel Ney</sup> 장군, 우익은 그루시 <sup>Emmanuel de Grouchy</sup> 장군으로 하여 연합군을 공격해 들어갔다. 지형 선점에 실패한 나폴레옹은 먼저 블뤼허<sup>Gebhard von Blücher</sup>군을 격파할 계

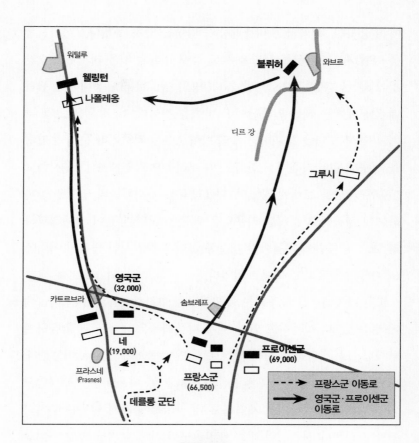

**워털루 전투**

획으로 네 장군에게 후위에서 기동하는 데를롱Jean-Baptiste Drouet, Comte d'Erlon 군단으로 블뤼허군의 우익을 공격하라고 지시했다. 그런데 나폴레옹의 명령을 전하려던 참모장교가 도중에 네 장군이 아닌 데를롱 장군을 먼저 만나 명령을 전달했다. 데를롱 군단은 즉시 블뤼허군의 우익방향으로 기동하기 시작했다. 한편 웰링턴군을 맞아 싸움에 열중하던 네 장군은 나폴레옹의 명령을 알지 못했다. 그는 전장을 이탈하려는 데를롱 군단을 향해 즉시 돌아올 것을 지시했다. 2만 명이 채 안 되는 군으로 3만 2,000명의 웰링턴군을 상대해야 했던 네 장군에게는 데를롱 군단이 절박했을 것이다. 네 장군은 그날 늦게 '데를롱 군단을 블뤼허군 우익 방향으로 공격시키라'는 구두명령을 접수했지만, 자신이 처한 전장의 어려움으로 인해 이를 무시하고 데를롱 군단을 보내지 않았다. 나폴레옹은 블뤼허군의 중앙을 돌파하는데 성공하고 분리된 좌우익을 데를롱 군단과 같이 각개격파하려 했으나, 중간에 되돌아간 데를롱 군단은 결정적인 순간에 어디에도 가담하지 못하고 해매고 있었다.

또한 나폴레옹은 패주하는 블뤼허군을 추격하도록 그루시 장군에게 명하였으나 실패하고 만다. 이후 나폴레옹은 네 장군과 합류하여 웰링턴군을 격파하기 위해 카트르브라Quatre Bras 방면으로 이동한다. 네 장군이 중앙 정면에서 웰링턴을 견제할 때 나폴레옹이 웰링턴군의 측면에서 공격하기로 계획하고 네 장군에게 견제 임무를 부여하였으나 너무나 신중했던 네는 웰링턴군이 이미 브뤼셀 방향으로 퇴각한 사실조차 알아차리지 못했다. 네의 태만으로 웰링턴을 놓치자 나폴레옹은 '네가 프랑스를 망쳤구나'하며 책망하고 기병 1개 중대를 이끌고 추격에 나섰으나 때마침 폭우로 인해 추격을 중지하고 말았다.

블뤼허는 웰링턴을 지원하기 위해 와브르Wavre에 1개 군단을 남기고 워털루로 기동했다. 웰링턴이 블뤼허의 지원군과 같이 정면과 측면에서 역으로 포위해 들어가니 나폴레옹군은 서서히 무너져 내렸다. 블뤼허를 추격하던 그루시는 워털루의 포성을 듣고도 계속 진격하여 와브르에 남은 블뤼허의 1개 군단을 격파했다. 하지만 이는 전쟁의 승리에 기여하지 않는 전투에서의 승리였다. 나폴레옹은 이때 이미 패잔병을 이끌고 도주하고 있었다.

워털루 전투에서 프랑스군의 패배는 나폴레옹이 작전을 잘못 구사했기 때문이 아니라 우연에 의해 결정적 호기를 상실한 것에서 비롯했다. 데를롱 군단에 명령을 전하는 참모장교가 데를롱에 이어 네를 바로 찾아가지 않은 과오가 있었다. 그루시는 추격에 늦었으며 워털루에서 들려오는 포성에 둔감했다. 네의 태만으로 웰링턴군의 철수를 방조한 것이나 뒤늦게 추격에 나선 나폴레옹이 이끄는 기병중대를 멈추게 한 폭우 등이 겹쳐서 나폴레옹은 엘바 섬을 탈출한 지 100일 만에 마지막 전장에서 패배를 맞게 되었다.


## 아라스에서의 역습

● 　　　　제2차 세계대전 초기 프랑스군은 독일군이 형성한 부분적인 돌파구와 뫼즈 강에 대한 제한적 교두보에 대해 제대로 된 역습을 실시하지 못했다. 이후 몽코르네에서 후일 프랑스 대통령이 된 드골Charles de Gaulle 대령이 이끄는 제4기갑사단이 한 차례 역습을 실시했다. 드골이 처음에 부여받은 임무는 엔Aisne 강에서 방어선을

형성하는 것이었다. 그러나 드골은 교통의 요충지인 몽코르네에 대한 공격을 주도적으로 계획하여 시행했다. 드골 대령의 역습은 독일군의 효과적인 급편방어와 항공기 운용에 의해 비록 실패했지만 시간적·공간적으로 완벽한 역습이었다.

독일군 기갑부대들은 스당 돌파 이후 히틀러와 상급부대장들의 정지 요구가 수차례 있었음에도 전술제대 지휘관들에 의해 종심 깊이 작전적 돌파를 계속해나갔다. 대서양을 향하여 클라이스트 기갑군은 됭케르크로, 호트 기갑군은 동쪽의 아라스<sup>Arras</sup>로 진출하고 있었다. 아라스에서 영국군의 측방역습을 받은 것은 롬멜의 제7기갑사단이었다. 롬멜은 측방위협을 고려하지 않은 돌파를 통해 운 좋게도 종심 깊이 진출했지만, 그때만큼은 긴박한 위기에 처했다.

아라스의 도심을 남서쪽으로 우회하여 공격하던 롬멜의 제7기갑사단은 제25전차연대를 선두로 하고 2개 보병연대를 후속시켰다. 그런데 공교롭게도 이들 보병연대에는 단 한 대의 전차도 편제되지 않았다. 영국군이 정확하게 선두와 간격이 벌어진 보병연대 측방을 파고들자 이들은 심각한 위기에 빠졌다.

선두에서 전차부대를 지휘하고 있던 롬멜은 후속 예정이었던 보병부대가 뒤따르지 않자 선두부대와 후속부대의 연결을 위해 홀로 후방으로 돌아갔다. 이동 중에 롬멜은 영국군 전차들의 역습을 목격하고 직접 대전차부대를 진두지휘하며 초기 역습을 격파했다. 전속부관과 연락장교가 부상을 입는 위험 속에서 롬멜의 진두지휘는 진가를 제대로 발휘했다. 전차가 한 대도 없던 보병연대에 속한 제한된

대전차부대를 결집하여 최단시간 내 효과적인 대응을 해낸 것이다.

대전차포와 경대공포로 전방 저지선을 구축하고, 종심에 포병과 대공포로 제2저지선을 편성하였으며, 요청한 항공기 편대들이 적시에 상공에 도착했다. 퇴각을 시작한 영국군의 퇴로 차단을 위해 선두에서 공격 중이던 제25전차연대의 회군을 급히 명령하였으나 그들이 도착하였을 때는 영국군 전차들은 이미 퇴각한 이후였다. 아라스에서 벌어진 전차전은 개전 이후 최대 규모였으며, 롬멜 제7기갑사단의 승리로 끝났다.

연합군 입장에서 아라스 역습을 돌아보면, 비선형으로 종심 깊이 공격해 들어온 독일군을 역포위해서 전세를 역전할 수 있는 절호의 기회였다. 아라스 일대에는 폭 40km에 달하는 회랑이 형성되어 있어 이 지역을 통과해야만 종심으로 진출이 가능했다. 따라서 독일군은 보기 좋게 측방을 노출하고 있었다. 또한 연합군은 독일군 선두부대와 후속부대 간에 비교적 큰 간격이 발생했다는 정보를 입수했다. 측방이 갖는 일반적 약점에 연합군이 대규모 부대를 투입만 한다면 역습은 매우 성공적이었을 것이다.

역습에는 영국군 일부 부대만 참여하였고, 이들은 결국 전술적 흠집만을 내고는 퇴각하고 말았다. 북부 플랑드르 평원에 위치하고 있었던 100만 명에 달하는 제1집단군의 일부를 전환하여 대규모 공격부대만 투입했다면 얼마든지 승리할 수 있었을 것이다. 연합군이 직면했던 불확실성과 마찰은 과연 무엇이었는가?

① 작전명령이 하달된 후 귀중한 3일을 허비했다. 이 중요한 시기

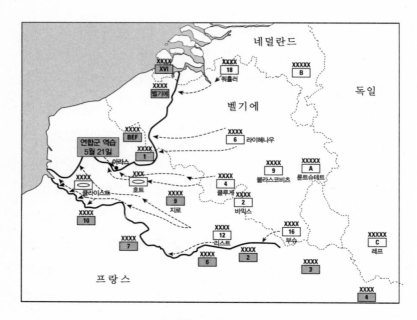

**대서양을 향한 독일군 공세**

에 서부전선 연합군 총사령관인 가믈랭Maurice Gamelin이 보직해임당
하고 베강Maxime Weygand이 복직했다. 제1차 세계대전에서 용맹을 떨
쳤던 그는 제1차 세계대전식 지휘시스템을 가동하여 먼저 가믈랭의
역습 명령을 무효화하고, 직접 전선을 시찰하여 지휘관들은 직접 만
난 연후에 결정하기로 했다. 3일이 지난 후 다시 내린 명령인 '베강
계획'은 가믈랭의 명령과 다르지 않았다.

　② 남쪽에서 협공을 하기로 한 제3집단군은 솜 강변 남쪽에 편성
된 진지에서 꼼짝하지 않고 교두보 지역에 대한 제한적인 공세만을
취했다. 상급부대 작전에 대한 이해가 부족하여 양호한 방어진지를

나와 공세에 가담하지 못했다.

③ 북쪽 플랑드르 평원에 포위된 제1집단군의 역습을 지휘할 지휘관의 공백이 발생했다. 역습 명령을 수령하고 돌아오던 제1집단군 사령관 빌로트Gaston Billotte 장군이 교통사고로 사망하여 지휘 공백이 발행했다. 5월 23일로 계획된 역습은 계속 연기되다가 끝내 취소되었다. 프랑스군은 마지막 기회를 스스로 포기했다.

④ 의사소통의 혼란이다. 결정적으로 명령 전문에 쓰인 몇 마디 단어에 대한 오해가 연합작전의 실패를 초래했다. 영국군 총참모장 아이언사이드Edmund Ironside는 '5월 21일에' 공격 시행을 바랐지만 명령문에 '5월 21일부터'라고 기재함으로써 영국군 단독으로 5월 21일 역습에 돌입하게 되었다. 21일부터 준비와 출동 등을 시작하려던 프랑스군은 결국 역습에 참여하지 않았다. 단 하나의 오류로 중요한 작전이 어그러진 것이다.

⑤ 그 외에도 역습에 가담한 영국 전차연대의 제7대대는 방향을 상실하고 엉뚱한 곳으로 진출하였고, 보병과의 통신도 두절되었다. 영국군은 각 병과들 간의 통신이 원활하지 못해 역습에 실패할 수밖에 없었다.

아라스에서 영국군의 역습은 결국 실패하였고, 롬멜의 진두지휘는 독일군의 돌파를 이끌었다. 하지만 공명심에 사로잡힌 롬멜은 연합군의 역습 규모를 과장해서 보고하여 히틀러를 비롯한 상급지휘관들로 하여금 신장된 측방에 대한 위협을 심각하게 받아들이게 만들었다. 역설적이게도 실패한 아라스 역습은 독일군에게 '아라스에서의 정지명령'을 탄생시켰다. 뿐만 아니라 이어서 '됭케르크의 전투'에도 간접적인 영향을 미쳤다.

책상 위의 상황조치였다면 비선형 종심기동에 대한 측방 역습은 자명한 대응일 것이다. 하지만 전장에서는 심리적 마비에서 오는 소극성에서부터 명령문의 오류, 작전적 차원의 운용에 대한 무지에서 오는 전술적 대응, 갑작스럽게 발생한 지휘공백 등에 이르기까지 무수히 많은 불확실성과 마찰로 인해 실질적인 역습이 제한되었다. 이 마찰이 바로 책상 위의 전쟁과 실제 전장을 구별하는 가장 큰 특징이다. 전장에서 이러한 마찰이 없기를 바라거나 단순히 피하려 해서는 원하는 바를 이룰 수 없다. 클라우제비츠가 말한 대로 전쟁에서는 모든 것이 단순하다. 그러나 가장 단순한 것이 어렵다.


## 미래 전장

● 　　　최첨단기술의 경연장이 된 현대의 전장은 19세기 클라우제비츠가 목도했던 전장과는 많은 차이가 있다. 불확실성을 줄여줄 전장에 대한 감시수단과 통신체계가 발달하여 실시간 첩보를 상하제대가 공유하게 되었다. 각종 수단의 발달은 여러 요소의 효율성을 증가시켜 비효율에서 오는 마찰, 기상과 시도조건이 주는 불확실성 등을 줄여준 것이 사실이다. 이러한 발전은 전쟁수행과정에서 불확실성과 마찰을 지속적으로 줄여나갈 것인가? 전장에서 우

연은 줄어들고 예측가능한 필연의 영역이 절대적으로 확대되어 완전한 상황장악이 가능할 것인가?

클라우제비츠에 의해 제기된 불확실성과 마찰의 관한 전쟁이론이 현대 전장에서 어떻게 적용되고 있는가를 짚어 보면 미래 전장을 예측할 수 있을 것이다. 미군이 이라크자유작전에 대한 전략·작전·전술적 교훈을 분석하기 위한 연구단을 결성하여 만들어낸 연구서인 『최전선에서On Point』는 현대 전장의 현실을 돌아보는 매우 유용한 참고자료다.

압도적인 기술 우위를 통한 결정적 전투작전에서 승리를 거둔 미군이 안정화작전 단계에서 직면했던 마찰이 가장 먼저 부각되어야 할 것이다. 그중 하나는 전혀 '새로운 형태의 적'과 직면하게 된 것이다. 월등한 무기 체계도 없었고, 압도적인 병력의 집중도 없었다. 적은 매우 손쉬운 무기로 미군들에게 물리적·정신적으로 심대한 타격을 가했다. 그들은 시민들 사이에 녹아들었다가 필요할 때 나타나 임무를 수행하고는 다시 사라졌다. 이들의 저항은 예상 밖이었다. 이들이 만들어내는 사상자 수와 언론보도는 종결을 선언했던 결정적 전투작전 이후에 완전한 전쟁 종결에 이르기까지 매우 힘든 노정을 남겨두고 있음을 알게 했다. 의사결정자의 심리적인 변화를 이끌어내어 전쟁을 포기하도록 하려는 새로운 형태의 전쟁, 제4세대 전쟁과 직면하게 되었다.

두 번째는 전후 복구를 통해 전쟁 이전보다 나은 사회를 만들어야 하는 모순에 봉착한 것이다. 즉 기존 정권의 붕괴로 탄생한 새로운 국가체계에 대해 국민들이 호응할 수 있어야 한다. 적대의지 파괴가 아니라 적대정권 축출이라는 전쟁목표가 가져다주는 모순이다. 과거의 전쟁에서는 적의 의지를 분쇄하거나 적의 군사력을 파괴함으로써 전쟁을 종결할 수 있었다. 현재의 전쟁은 적대의지를 가진 상대국이라고 하더라도 의사결정자와 이를 적극적으로 지지하는 세력, 무장세력들을 제외하면 전후에 생계를 보장하고, 궁극적으로 안정적 국가체계를 재구축하여 안정을 도모해야 할 인도주의적 보호대상인 것이다. 이러한 점에서 전후 최단기간 내 생필품을 보급하고 식수와 전기, 가스 등을 공급해야만 이들이 적대세력권 내로 흡수되는 것을 막을 수 있다. 전쟁 이전과 비교하여 전후에 더욱 낙후된 환경은 젊은 층으로 하여금 반군에 가담하게 하는 직접적인 원인으로 작용한다. 전후 기반시설을 복구하고 생필품을 곳곳으로 수송하기 위한 도로, 철도망 등은 결정적 작전 동안 적의 기동을 차단하기 위해 없애야 할 대상이었고, 적의 저항의지와 작전지속성을 파괴하기 위해 적의 급수원, 가스시설, 발전소 등도 파괴 대상이었다. 과연 어느 것을 얼마나 파괴할 것인가가 결정적 전투작전의 고려요소가 되었다. 단순히 적의 전투의지를 파괴하면 승리할 수 있었던 클라우제비츠의 전쟁의 정의에서는 많이 벗어나 있었다. 그럼에도 여전히 새로운 불확실성의 영역이나 새로운 마찰요소의 등장이라는 측면에서 클라우제비츠의 주장 속에서 해답을 찾게 된다.

　세 번째는 최고로 발달된 무기체계라 하더라도 모든 작전요구를 충족시키지는 못한다는 것이다. 전차와 브래들리 장갑차는 이라크

자유작전에서 빛나는 활약을 했지만 모든 작전요구를 충족시키지는 못했다. 우수한 장갑방호력은 적의 대전차무기(RPG)를 효과적으로 막았지만 불리점도 많았다. 근접한 거리에서 건물 위층으로 사격할 수 있도록 화기를 상향조정할 수 없었다. 그러나 제3보병사단이 했던 것처럼 중무장한 공병을 태운 M113장갑차는 2~3층까지 교전할 수 있었다. 모든 환경에서 완벽하게 들어맞는 무기체계는 없다. 제2차 세계대전에서도 독일군은 연합군 전차보다 수적으로나 성능 면에서 열세한 가운데 그 작전적 운용개념의 차이로 인해 승리했음을 익히 언급했다. 실제로 아라스에서 롬멜의 제7기갑사단이 대면했던 영국군 마크 II(마틸다) 보병용 전차는 독일군의 모든 대전차포탄을 튕겨냈다. 이 과정에서 독일군의 무기체계 중 88mm 대공포가 영국군 전차 24대를 격멸했다. 이처럼 전장에서 모든 작전요구를 충족시키는 무기체계란 없으며, 새로운 마찰의 영역 앞에 신속한 적응성, 융통성, 그리고 효과적인 능력의 조합이 아주 중요하다.

네 번째는 현대 전장에서 지휘보조수단으로 사용되는 각종 시스템의 취약성이다. 현격하게 발전한 전장관리체계는 지휘관의 적시적인 결심을 도와 작전반응속도의 우위를 추구할 수 있게 해주고 있다. 이러한 전장관리체계들은 전술통신망이나 제한적으로 운용중인 위성망에 의존하고 있는데 통신망 유지를 위한 노드나 위성장비들은 적의 물리적 파괴에 취약하다. 전장관리체계에 의한 정보유통이 유용한 만큼 취약성도 동시에 증가하는 것이다.

다섯 번째로 전시에 임무에 따라 편성되는 부대의 초기 통합성 달성의 한계이다. 미군은 본토방위에 기초하여 원정작전을 전제로 한 편성을 갖추고자 노력했다. 미군은 요구되는 규모에 맞게 편성할 수 있도록 여단전투단과 지휘조직을 모듈화했다. 여단전투단은 투입을 위한 전투편성을 위해 구성 집단과 각 개인 간 동화와 임무수행능력 구비에 별도의 시간을 들이지 않도록 전투단을 상시 편성했다. 평시 관리 면에서 다양한 병과기능별 임무수행 지도, 인사관리 등의 문제점을 내포하고 있지만, 초기 투사 과정에서 모듈화된 편성은 운송수단을 판단하고 준비하는 것, 재편성한 부대의 협동성을 촉진하기 위해 들여야 하는 시간과 노력을 줄여줄 수 있었다.

우리는 전시 증편과 창설부대를 포함하여 상황과 임무에 따라 전투편성을 달리하면서 초기작전에 투입되어야 한다. 개별 임무소요에 따라 전투단의 능력을 재단하기 위해 빈번한 전투편성을 실시하기 위해서는 그만한 시간과 노력의 대가를 지불해야 한다. 일치되지 않은 개념과 원활한 소통의 제한, 상호 신뢰가 구축되지 않아 겪게 되는 불확실성과 마찰의 영역은 극도로 증가할 것이다. 따라서 제병협동을 촉진하고 나아가 합동성과 상호의존성을 극대화하기 위한 모듈화된 전투단을 평시부터 구축하여 운용하는 것을 적극 고려해야 한다.

여섯 번째, 전쟁의 조기 종결을 위한 기동전은 비선형전의 취약점을 대두시킨다. 대량화력전에서 종심 깊은 기동전으로 넘어오면서 비선형전투는 현대전의 전형이 되었다. 기동전은 작전적 종심으로 돌파해나가면서 비선형전을 수행하게 된다. 선두부대는 측방방호 없이 수십 킬로미터를 진격하고, 후속하는 부대와 연락이 두절된 상태에서도 적의 후방지역에서 홀로 움직이는 섬처럼 움직이게 된다. 기동 자체가 훌륭한 무기가 되며 심리적 충격력을 만들어 낸다. 제2차 세계대전에서 롬멜은 선두부대에서 진두지휘를 하다가도 본대와 연결을 위해 소수의 경호 인원과 동행하거나 때로는 지휘용 차량 단독으로 후방이동을 하기도 했다. 이동하던 도로에서 그가 지휘하던 독일군 전차부대에 의해 유린당하거나 우회한 프랑스군 일부와 만났다. 그때 롬멜은 적들의 지휘관을 찾아 어떠한 저항도 용서치 않을 것이니 부하들과 함께 항복하라고 명령하듯 요구하고, 전쟁은 이미 끝났다고 그들을 기만하기도 했다. 롬멜은 말 한마디로 프랑스군을 항복시켰다.

이라크자유작전의 전투양상은 달랐다. 표면적으로는 이라크군의 미숙함과 장비의 열세 덕분에 미군이 절대적인 전술적 우세를 누릴 수 있었다고 말한다. 그러나 실제로는 비선형화된 미군의 공격에 대해 협조된 역습도 실시하였고, 매복과 전술적 기습을 달성하기도 했다. 기술력의 부족으로 네트워크전에서 패배했다고 하더라도 그들이 전쟁 자체를 완전히 포기하지는 않았다는 것이다. 특히 종심 깊은 기동을 해나간 선두부대를 따라잡으려는 작전지속지원부대들에 대한 이라크군의 측방위협은 적지 않았다. 훨씬 복잡해진 무기체계와 지원전력들에 대한 작전지속지원소요는 과히 천문학적이었다. 이를 효과적으로 지원하기 위한 노력은 매우 치밀하게 계획되어야만 했다.

그 일례로 이라크 전쟁에서 미 제507정비중대는 정비지원을 위해 전방에 투입되었을 때 약 한 시간의 사투를 경험했다. 보급부대가 전통적으로 경험하는 매복이었지만 미 제507정비중대는 자신을 보호할 실전적인 전술적 행군훈련이 부족했다. 도로주행 위주로 만들어진 일반차량은 15km 야지를 달리는데 5시간이 걸렸고, 중요한 교차로에서 자신들의 잘못된 이동방향을 되잡아줄 교통통제병을 만날 수 없었다. 그리고 전방으로 이동하는 도로상에서 만난 이라크 무장세력에 대해 사격을 하지 않았다. 그들은 자신들이 해방자로서 환영을 받을 것으로 생각했거나 교전규칙이 명확하지 않았기 때문이다. 상황이 불분명하고 전투원이 지쳐있는 상황에서 적극적인 사격 의지는 사그라들고 자연스런 묵인하에 발포하지 않기로 결정하게 되는 것이다. 실수의 연발, 이동로의 혼동, 부적절한 화기정비, 불분명한 교전규칙, 험난한 지형, 교통통제소의 부실 등의 마찰로 비선형전을 수행하는 데 대한 어려움을 여실히 보여주었다.

마지막으로 '상호운용성'의 미흡에서 오는 전장의 마찰이다.

---

막스Marks 소장은 다음과 같은 일화를 들려주었다. 어느 날 제3해병항공단장 아모스Amos 소장이 그에게 영상정보를 요청했다. 하지만 그는 디지털로 영상을 전송할 수 없어서 자신이 실무장교처럼 직접 아모스 소장에게 가져다주어야 했다는 것이다. 마찬가지로 어느 날 해병대의

무인항공기가 제5군단이 필요로 하던 아주 유용한 정보를 수집했는데 제5군단과 해병대를 연결하는 자료전송수단이 없어서 이에 접근하지 못한 적도 있었다. 동맹군들과의 상호운용성 확보는 더욱 어려웠다. 이는 기술적인 이유뿐만이 아니라 보안상의 이유로도 그러했다. 이러한 이유들로 인해서 이라크의 합동군 및 동맹군은 네트워크중심의 전역을 수행하지 못했다. 아마 네트워크가 설치된 전역을 치른 것이라고 하는 편이 정확할 것이다.*

---

각 군은 네트워크와 시스템이 각기 분리된 채로 발전된 후 다시 통합하는 과정 가운데 있다. 각 군의 합동성 강화만큼의 노력을 필요로 할 것이다. 더욱이 동맹국간의 연합작전에서 상호운용성 부족은 더 많은 마찰을 만들어낼 것이다.

이상에서와 같이 최첨단의 무기 향연장이었던 이라크 전쟁에서 발달한 무기 및 지원체계에서 오는 새로운 마찰과 불확실성은 여전히 전장에서 우연의 영역을 만들어내고 있다. 클라우제비츠의 전장에 대한 통찰의 산물인 불확실성과 마찰, 우연은 미래 전장에서도 여전히 존재하게 될 것이 분명하다.

앞서 언급한 바와 같이 전쟁에 대한 마찰과 불확실성을 효과적으로 극복하기 위해 반드시 이들에게 익숙해지려는 노력이 필요하다.

---

● 육군교육사 역, 『최전선에서』(대전: 육군교육사, 2006), pp.7-61~7-62.

전쟁에 대한 상상력을 기초로 마찰과 불확실성이 충분히 반영된 훈련을 기획하고 반복적으로 경험해야 한다. 전장상황에 가까운 훈련 상황을 만들어내는 노력이 선행되어야 한다. 그런 측면에서 과학화된 장비와 훈련장으로 보강된 훈련체계를 갖추어야 하며, 이를 모든 부대가 경험하도록 확대해나가야 한다. 또한 가상현실에서 훈련하게 하는 시뮬레이터에 의한 전투기술 숙달로부터 각종 전투지휘훈련을 위한 모델 등은 매우 유용하다. 부단한 평시훈련을 통해 전장에 대한 상상력을 확대하고 익숙하게 만들어야 한다. 더불어 제작전 요소가 참여한 실전적 훈련을 실시해야 한다. 병과에 상관없이 스스로 방어할 수 있는 기술에 숙달해야 하는 것이다.

두 번째는 지휘관들이 사고의 유연함을 기르기 위해 노력해야 한다. 불확실할 수밖에 없는 전장상황에서 불확실함을 인정하지 않고 정보에 대한 과도한 집착은 기회의 상실을 초래할 수밖에 없고 조직은 매우 경직되는 것이다. 시도조건이 불량한 야간상황에서 야간감시장비를 통해 잘 보려는 노력을 해나가더라도 주간상황과 동일할 수는 없다는 사실을 인정해야 한다. 이러한 유연함 역시 전쟁의 경험을 통한 노련함과 일치하는 성격을 갖는다. 그러나 실전경험을 통해 쌓을 수는 없다. 그래서 지휘관을 포함한 장교들에게 필요한 것이 부단한 전쟁연구이다. 조미니는 다음과 같이 말한다.

"정확한 이론과 생생한 전사는 장교교육을 위한 진정한 교재가 되며, 만일 이 양자가 군사학문의 위대한 천재를 배출하지 못한다 하더라도 최소한 유능한 장교를 육성해 낼 수 있다."

부단한 군사이론과 전쟁사에 대한 연구를 통해 전장에 대한 상상력을 기르고 군사적 혜안을 길러 나가야 한다. 공부하는 군인이 되어야 한다. 근력에 의해 전쟁을 수행했던 시대로부터 멀리 떠나왔음에도 담력과 호기만으로 전쟁에 임하려는 태도를 경계해야 한다. 의지만으로 전쟁을 치르려는 태도는 값비싼 대가를 치르게 될 것이다.

끝으로 무기의 성능과 효과성에 의해 수적 열세를 상쇄할 수 있다는 사고를 불식해야 한다. 양병의 기본은 상대적으로 전력의 우위를 갖추는데 있다. 수적 열세를 만회하려 들지 않고 개별 무기체계의 효율성과 전력의 효과적 운용을 전제로 군사적 대비계획을 수립해서는 안 된다. 왜냐하면 전장에서의 융통성은 전략의 효용성과 전쟁지도의 우월성, 개별 무기의 효율성 등을 충분한 전력과 함께 갖출 때 가능한 것이다. 예산이 군사전략을 좌우하는 시대이다. 예산을 결정하는 정치가 과거 어느 때보다 전쟁에서 중요한 역할을 하고 있다.


# 되새김

● 　　　　　전쟁은 확률 계산이다. 가능성을 셈하는 것일 뿐 절대성과 확실성을 가져다주지는 못한다. 확률적으로 낮은 영역에서 우연이 존재하며, 전쟁과 우연은 불가분의 관계에 있다. 불확실성과 마찰이 만들어내는 우연을 극복하고 전쟁에서 승리를 이룰 것인가

가 전쟁에서 최우선 과제이다.

군사적 천재였던 나폴레옹도 워털루 전투에서 데를롱 군단 운용의 오류, 그루시의 소극적 추격, 네의 태만, 추격부대를 멈추게 한 폭우 등 불확실성과 마찰로 인해 패배를 맞았다.

최첨단 기술의 경연장인 현대 전장에서 불확실성과 마찰이 줄어든 듯 보일 수 있지만, 새로운 기술은 또한 새로운 마찰을 생성해내고 그 속에서 예상치 않은 우연이 지속적으로 생겨난다. 첫째로 강력한 일방의 전투력에 의해 일순 압도된 듯한 적들도 곧이어 비대칭 전술·무기를 통해 위협을 가해온다. 이들은 물리적·정신적으로 심대한 타격을 가하기도 한다. 둘째는 전쟁목적이 적의 전투의지의 파괴 이후 향상된 국가를 만들어 우호세력으로 남게 하는 데까지 확장됨에 따른 마찰이다. 재건과 안정화작전을 통해 전쟁 이전보다 더 향상된 안정을 구축하기 위해 전투작전 동안 파괴대상과 요망상태를 선정해야 한다. 셋째는 전장상황에 부합한 무기체계의 조합과 전투편성을 위해 초기에 투입되는 시간과 노력으로부터 발생하는 마찰이다. 넷째는 각종 시스템의 유용성 속에 존재하는 취약성이다. 다섯째로 비선형전에 의해 발생하는 작전지속지원요소, 측방위협 등은 여전히 존재하고, 합동성과 협동성을 위한 개별 수단의 상호운용성의 부족 등에서 불확실성과 마찰이 발생한다.

이러한 불확실성과 마찰이 빚어낸 우연의 영역을 효과적으로 극복하기 위해 노력해야 한다. 먼저는 전장상황에 익숙해져야 한다. 전쟁경험이 익숙함을 넘어 노련함을 낳을 수 있지만, 여건이 허락하지 않는다면 실전 같은 훈련을 통해 숙달해야만 한다. 또한 적절한 융통성, 즉 지휘관의 정신적 유연성과 물리적 대응력의 융통성을 구비해야 한다.

전쟁에 사용될 물리력을 가장 효율적으로 발전시키더라도 확률적으로 발생 가능성이 낮은 영역에서 여전히 우연이 존재한다. 따라서 온전한 승리를 할 수 있는 대비를 충분히 해나가면서 실시간 상존할 우연에 대한 준비도 갖추어야 한다.

# 1. 단행본

『군사이론연구』, 대전: 육군교육사, 1987.

가토 요코, 박영준 역, 『근대일본의 전쟁논리』, 파주: 태학사, 2007.

강상구, 『마흔에 읽는 손자병법』, 서울: 흐름출판, 2011.

김시덕, 『그들이 본 임진왜란』, 서울: 학고재, 2012.

김장수, 『비스마르크: 독일 제국을 탄생시킨 현실정치가』, 서울: 살림, 2009.

김종하·김재엽, 『천안함 이후의 한국국방』, 서울: 북코리아, 2010.

김종호 역, 『부대지휘의 원칙』, 대전: 육군대학, 2007.

김종환, 『책략』, 서울: 신서원, 2000.

김진항, 『전략의 에센스: 유리한 경쟁의 틀로 바꿔라』, 서울: 박영사, 2011.

김진항, 『전략이란 무엇인가?』, 서울: 양서각, 2006.

남도현, 『히틀러의 장군들: 독일의 수호자, 세계의 적 그리고 명장』, 서울: 플래닛미디어, 2009.

노나카 이쿠지로 외, 박철현 역, 『일본 제국은 왜 실패하였는가?』, 서울: 주영사, 2009.

노병천, 『기적의 손자병법』, 서울: 양서각, 2006.

노병천, 『나쁜 전쟁 더 나쁜 전쟁』, 서울: 양서각, 2008.

로버트 그린, 안진환·이수경 역, 『전쟁의 기술』, 서울: 웅진 지식하우스, 2007.

류제승, 『6·25 아직 끝나지 않은 전쟁』, 서울: 책세상, 2013.

리델 하아트, 황규만 역, 『롬멜전사록』, 서울: 일조각, 2003.

리링, 김승호 역, 『전쟁은 속임수다』, 서울: 글항아리, 2012.

바실 리델하트, 주은식 역, 『전략론』, 서울: 책세상, 1999.

발터 슈미트 외, 강대석 역, 『독일근대사』(오늘의 사상신서 166), 서울: 한길사, 1994.

밴 크레벨트, 주은식 역, 『전투력과 전투수행』, 서울: 한원, 2004.

베빈 알렉산더, 김형배 역, 『위대한 장군들은 어떻게 승리했는가?』, 서울: 한원, 2000.

빌헬름 몸젠, 최경은 역, 『비스마르크』, 서울: 한길사, 1997.

사무엘 P. 헌팅턴, 박두복·김영로 공역, 『군과 국가』, 서울: 김영사, 1997.

손자, 김광수 역, 『손자병법』, 서울: 책세상, 2011.

안드레아스 힐그루버, 류제승 역, 『국제정치와 전쟁전략』, 서울: 한울, 1996.

앙투안 앙리 조미니, 이내주 역, 『전쟁술』, 서울: 책세상, 2004.

온창일 외, 『군사사상사』, 서울: 황금알, 2006.

와타나베 쇼오이찌, 강창구 역, 『독일군 참모본부』, 서울: 병학사, 1992.

요시자와 준토쿠, 김정환 역, 『생각정리 프레임워크 50』, 서울: 스펙트럼북스, 2012.

웨난, 심규호·유소영 역, 『손자병법의 탄생』, 서울: 일빛, 2011.

육군교육사 역, 『최전선에서』, 대전: 육군교육사, 2006.

이상각, 『이기는 묘책』, 서울: 케이엔제이, 2008.

이풍석 편저, 『클라우제비츠의 생애와 사상』, 서울: 박영사, 1986.

정순태, 『宋의 눈물』, 서울: 조갑제닷컴, 2012.

정진홍, 『인문의 숲에서 경영을 만나다』(1~3), 서울: 21세기북스, 2007~2010.

제프리 메가기, 김홍래 역, 『히틀러 최고사령부 1933~1945년』, 서울: 플래닛
　　　미디어, 2009.

짐 하우스만, 정일화 역, 『한국 대통령을 움직인 미군대위』, 서울: 한국문원,
　　　1995.

카를 폰 클라우제비츠, 류제승 역, 『전쟁론』, 서울: 책세상, 1998.

칼 하인츠 프리저, 진중근 역, 『전격전의 전설』, 서울: 일조각, 2007.

토머스 햄스, 최종철 역, 『21세기 제4세대 전쟁』, 서울: 국방대학교 안보문제
　　　연구소, 2008.

트레버 두푸이, 주은식 역, 『전쟁의 이론과 해석』, 서울: 한원, 1994.

폴 케네디, 이왈수 등 역, 『강대국의 흥망』, 서울: 한국경제신문사, 1990.

한기홍, 『진보의 그늘』, 서울: 시대정신, 2012.

한정주, 『한국사 전쟁의 기술』, 서울: 다산북스, 2010.

H. 구데리안, 김정오 역, 『기계화부대장』, 서울: 한원, 1990.

## 2. 논문

이성훈, "전쟁의 정치목적과 군사목표의 상관관계에 미치는 영향요인 분석:
　　　미국의 전쟁사례를 중심으로", 서울: 국방대학교, 2002.

주은식, "'임무형 지휘' 정착을 위한 제언", 『軍事評論』 404호 (2010): pp.59-98.

하성우, "작전구상의 고찰", 『한미연합포럼』 3호 (2010): pp.61-69.

하성우, "전쟁사를 통해 본 기갑전력 운용 교훈", 『기갑/기계화 부대 훈련 길라잡이』 409호 (2012. 2): pp.150-158.

하성우, "전쟁에 있어 정치와 군사의 역할 고찰: 독일의 근현대사 분석", 『軍事評論』 409호 (2011): pp.176-203.

Charles D. Allen and Stephen J. Gerras, "Developing Creative and Critical Thinkers," *Military Review*, Vol. 89, Issue 6 (November-December 2009): pp.77-83.

Christopher E. Housenick, 하성우 역, "전투엔 이기고 전쟁에 패하다", 『군사평론』, 397호 (2009년 2월): pp.286-299. Originally published as a "Winning Battles but Losing Wars: Three Ways Successes in Combat Promote Failures in Peace" in *Military Review*, Vol. 88, No. 5 (September/October 2008).

Robert Harkavy, "Defeat, National Humiliation, and the Revenge Motif in International Politics," *International Politics*, 37 (September 2000): pp.345-368.

United States Joint Chiefs of Staff, *Joint Publication(JP) 5-0*, *Joint Operation Planning*, 11 August 2011.

한국국방안보포럼(KODEF)은 21세기 국방정론을 발전시키고 국가안보에 대한 미래 전략적 대안을 제시하기 위해 뜻있는 군·정치·언론·법조·경제·문화 마니아 집단이 만든 사단법인입니다. 온·오프라인을 통해 국방정책을 논의하고, 국방정책에 관한 조사·연구·자문·지원 활동을 하고 있으며, 국방 관련 단체 및 기관과 공조하여 국방 교육 자료를 개발하고 안보의식을 고양하는 사업을 하고 있습니다. http://www.kodef.net

**초판 1쇄 인쇄** 2015년 2월 10일
**초판 1쇄 발행** 2015년 2월 16일

**지은이** 하성우
**펴낸이** 김세영

**편집** 김예진
**디자인** 송지애
**영업** 임재흥
**관리** 배은경

**펴낸곳** 도서출판 플래닛미디어
**주소** 121-894 서울시 마포구 월드컵로 8길 40-9 3층
**전화** 02-3143-3366
**팩스** 02-3143-3360
**블로그** http://blog.naver.com/planetmedia7
**이메일** webmaster@planetmedia.co.kr
**출판등록** 2005년 9월 12일 제313-2005-000197호

**ISBN** 978-89-97094-75-2 93390